零雜物裝修術

Phyllis 著

第一章
那些年，我換過的房子

第四章

第五章

推薦序

傳遞務實翻修知識及輕盈生活方式的實用好書

林黛羚

讀完《零雜物裝修術》精采的原稿後，我這才發現初次採訪Phyllis已經是二〇〇五年的事了。當時她的家還沒到零雜物的地步，但已經比一般家庭的東西還要少很多。

也許是因為投緣，我們每隔一、兩年都會連繫一次，她住過的其中幾間我也有去看過。每次拜訪她的新家，就發現東西更少，空間更白、更精簡，真的達到她說的「前一天收拾，隔天就可以搬家」的境界。

此外，她也透過自己的設計功力，讓每個新家越來越有張力，呈現出她對生活的自信與泰然自若。由衷對她的轉變感到佩服與開心！

就像Phyllis的家一樣，《零雜物裝修術》這本書，不論在概念上、設計上或生活上，都非常精簡、切中要害。她直接列出哪些是不必做的項目，間接照明天花板、吊櫃、吧檯、床頭櫃繃板……我不禁莞爾，如果讀者都看了這本書，以後裝修業者是要賺什麼啊？（汗）

另外，我也深感這本書不只適合要裝修或換屋的人看，也很適合需要自宅減物的屋主看。

的確有些屋主以爲，只要砸錢翻修，就可擁有美輪美奐的家。但如果雜物多、生活習慣不改的話，不論你花多少錢翻修，那也不過是一場夢，住半年到一年就會醒來。

Phyllis在書中分享搬家換屋的減物心得及好處，讓人深刻體會到，東西少不但省錢又賺到，而且還可以帶來快樂及輕鬆的生活。即使你短期沒有裝修需求，我也覺得這本書很值得一讀，因爲你看完就可以馬上實踐，落實一次一區的減物進度。

《零雜物裝修術》也是國內第一本以輕鬆筆法，傳遞務實翻修知識及輕盈生活方式的實用好書。如果你對換屋、裝修的流程感到焦慮，又沒多餘時間蒐集資料或惡補裝修教科書，那麼，本書將會是你唯一的救贖！

（本文作者爲友善生活觀念推廣者）

前言

一本以「減法」爲概念的裝修書

其實二〇〇七年就有出版社找我寫裝修書了，但我當時自覺經驗不夠、底氣不足而予以推辭。怎料因爲清雜物清出了心得，二〇一二年反倒先出了以整理爲主題的《零雜物》，二〇一五年又寫了深入探討囤積症的《囤積解密》，以致大家多半認爲我是整理收納領域的人，沒注意到我有室內設計的背景。

一轉眼十二年過去，我很慶幸當時沒有把不成熟的思緒化爲文字，也沒有把不精簡的作品拿出來說嘴。如今我的心境已截然不同，我有明確的中心思想，亦有徹底實踐的本事，終於有能力分享自己一路以來身爲屋主、室內設計師和專業整理師的相關經驗，希望裝修素人和換屋族能因此或多或少找到屬於自己的方向。

坊間的裝修書大致分爲以下四類：一是訴諸某種風格，二是教你如何省錢，三是細述材質與工法，四則類似專業人士的作品圖鑑。無論是哪種類型，我們在書上看到的往往是軟裝師進場布置後，由空間攝影師費心拍下的畫面，一旦屋主入住，最美的狀態便逐漸消失，房子於是成了室內設計師眼中那個被毀容的孩子。

我經常上售屋網站觀察各種屋況，看得出不少曾精心裝修過的房子，被大量雜物搞到面目全非，屋主甚至沒有稍事整理便拍照po網，彷彿亂成這般乃天經地義；而當我以專業整理師的身分造訪客戶的家時，也總是驚訝於那些亂糟糟的房子當初砸下的裝修費用。這令我時不時會感慨，如果無法維持屋況，花再多錢裝修都是枉然。

不過，亂無法只歸責於居住者，如果房子本身的格局、動線和收納配置就有問題，除非東西跟我一樣少，否則亂幾乎是必然的。未經通盤思考的裝修業已埋下亂源，萬一屋主不擅整理又欠缺美感，那麼招來的除了失控的屋況，還有低落的生活品質、沮喪的心情、下滑的房價，以及撞傷、跌倒、過敏等伴隨而來的居住風險。

也因此，我寫了這本以「減法」爲概念的書，內容不僅涵蓋如何規畫收納機能、如何刪除不必要的設計、如何認識並拿捏裝修預算、如何營造簡約舒適的風格，同時也告訴讀者如何使用一間房子，讓它得以久住不亂，維持初入住時最清爽的樣貌。此外，我也期待它能協助屋主釐清思緒，減少與室內設計師或裝修業者之間的溝通障礙。

如果你剛晉身爲有殼階級，正計畫打造夢想中的新家，或是你對老屋的現況不滿，正盤算著要讓它更符合需求，請不妨參考我的小小建議，相信會對你有所助益。請記住，方向對了，努力才不會白費。我由衷盼望每個人都能住在最適合自己的房子裡，過著輕盈、自在、優雅、無負擔的生活。祝福各位！

第一章

那些年，我換過的房子

過去十三年，我一共住過十間房子，其中四間是租的，六間是買的。這些房子的實際面積小至十六坪，大至四十六坪；有淨高才兩米五的，也有挑高四米二的；有預售屋、新成屋和中古屋，也有舊公寓、小套房和電梯大樓；有些曾經砍掉重練，有些則僅僅做了輕度裝修，或單純只靠軟件布置。

朋友說，被我住過的房子都會變美，其實我只是不想在居住品質上妥協而已。天天將就著不合理的格局、不順暢的動線、不好用的收納，和欠缺美感的配色及家具，對我而言是一種折磨，因此我會在預算內，盡可能透過完整的思考和少量的裝修為住處加分。

之所以如此重視居住品質，是因為我從小生長在髒亂的環境當中。可想而知，當我有能力在外租屋或買房時，自然不想落入同樣的景況……

我用房子來修行，與自己和解

在囤積之家長大，立志打造訪客不會奪門而出的清爽房子

四歲時，我的父母離婚，我被老媽送回臺東與外公外婆同住。外婆有囤積傾向，家裡堆放了許多年代久遠、用不著卻清不掉的雜物，加上衛生習慣不佳，以致家中常有蟲鼠出沒，飯菜也不時被成群的螞蟻給覆蓋。升上小四那年，我回臺北跟老媽一起生活。老媽同樣有囤積問題，長久下來，家中雜物肆虐，客廳、餐廳和廚房逐漸失去功能，整間房子都成了她的儲藏室。

每個人心目中的優先事項不同，老媽的生活重心是不斷地學習，不斷地將所學拿去變現，整理家務或美化空間並不在她的人生清單上。於是，鍋碗瓢盆非

要積到引來了果蠅才願意清洗，沙發縫裡經常有她邊看書邊吃零食而掉下的碎屑，缺了椅子就去附近的家具行隨便買一把充數，缺了架子就自己買些角鋼回來ＤＩＹ，反正堪用就好，美感什麼的一點都不重要。

小時候去同學家玩，總羨慕他們能住在窗明几淨的房子裡，畢竟我不可能自暴其短地邀請別人來家裡，而這種情況一直維持到我出社會後都沒有改變。若套用馬斯洛的「需求層次理論」，我家充其量只能顧及最低階的「生理」和「安全」需求，想滿足「社交」「尊重」和「自我實現」的需求則明顯有其難度。

猶記得二十幾歲時，我在唱片公司工作，因緣際會認識一位後來成為知名作家的出版社編輯，她聽我提起老媽精通中醫、命理和風水，決定上門說服老媽出書。坦白說，她的造訪令我有些忐忑，擔心屋況會嚇著人家。果不其然，那天她一坐進沙發，立刻就被茶几和坐墊上的幾隻「小強」弄到花容失色。老媽倒是泰然自若，彷彿蟑螂不過是她養的寵物。那個案子後來不了了之，而我完全可以想像那位友人受到的衝擊。

這件事我一直牢牢記著。我心想，日後我一定要打造一間乾淨清爽、訪客不會奪門而出的房子，但這個願望一直到二〇〇三年底家中遭竊，才稍稍浮現了輪廓。

那起創傷事件引發老媽的恐懼，導致她的囤積行爲變本加厲。眼看自家即將變成垃圾屋，連生理和安全需求都無法滿足，幾乎崩潰的我，不得不下定決心離家租屋。

第一間自宅就是我的裝修入門師父

其後兩年，我在中、永和一帶租過被房東堆滿簡陋家具，還出現嚴重壁癌的挑高小套房，也租過屋齡近三十年、木質層板已長出白蟻的頂樓舊公寓。這兩者我都以極有限的預算進行了局部改裝，後者還上過某室內設計雜誌，而當時採訪我的，正是後來的暢銷書作家林黛羚小姐。

陸續「微整」兩個租處之後，二〇〇六年春天，老媽罹癌過世，我從她那兒繼承了大批雜物，後來花費近五年的時間才慢慢清除完畢。同年七月，我在租處附近買下生平第一間房子。當時我對裝修沒啥概念，頂多只會發包請人處理天、地、壁這些表面材質而已。不過，我對自己想要的風格倒是相當清楚，因此便委託室內設計師執行硬體的施作，軟裝部分則全數由我自己包辦。

那是一間屋齡十二年的電梯公寓，設計師只給了我一張平面配置圖和兩張櫃體立面圖而已，沒有3D透視圖，也欠缺材料說明。我就著三張陽春圖面，每晚去現場查看工程進度，並在部落格分享整個過程和我查到的各種資訊。看著看著，竟也明白了施工順序與各種工法；換句話說，我的第一間自宅就是我的裝修入門師父。

入住洋溢七〇年代氛圍的新家後，我接受了不少媒體專訪，還有家電品牌想借場地拍攝產品，這使我對室內設計的興趣益發濃厚，隨即看書自學了3D繪圖軟體SketchUp。我大學原本就念設計科系，學習繪圖軟體可謂駕輕就熟。幾個月後，朋友找我設計他剛交屋的挑高小套房，我惴惴不安地從畫圖到發包全數自行完成。沒想到朋友並不嫌棄，於是我便自然而然地開啟了接案人生，而那間房子至今仍替他帶來穩定的租金收益。

沒多久，我成了某資深室內設計師的下游，她接下案子完成丈量後，會直接委託我繪製平面配置圖和3D透視圖，所有的案子都靠電子郵件往返溝通。同時間，我也協助不少友人搞定住家、小型辦公室和民宿套房的裝修，物件地點近至臺北、臺中，遠達美國、荷蘭。幾年下來，我畫了近三十個案子，在設計規畫方面也變得越來越得心應手。

我就是喜歡不停地改造房子，把房子變美

二〇〇七年初，我受《雜物再見啦》一書啓發，開始清除家中雜物和老媽的大批遺物，一年內總計處理掉四百多本書、三百多張CD和三十幾公斤衣物。但清雜物的計畫才執行不久，我就因爲受不了馬路邊的車流噪音，而訂了一間我以爲會很安靜的竹圍預售屋，隔年又衝動訂下另一間強調隔音品質的三峽預售屋。噪音的襲擊使我在短時間內背負了一筆房貸和兩筆預售屋工程款，經濟壓力大到爆表。

這段期間，清雜物成了我的重要出口，截至二〇〇九年五月搬進竹圍新家爲止，我一共清掉了家中近六成的物品。

位於三峽北大特區的第三間自宅走輕裝修路線，木作很少，主要以家具軟裝來呈現空間風格。

竹圍新家的室內面積約莫三十坪，格局是四房兩廳雙衛。這是我第一次裝修自己的房子，由於收納需求減少，木作工期大幅縮短，因此從冷氣配管到鋪完地板，前後只花了二十個工作天。這間風格簡約的房子後來也上了某知名雜誌的國際中文版，但由於三峽預售屋即將交屋，不想被房貸壓垮的我，才住九個月便透過網路平臺將它售出。這段期間，我又清掉了近半數的現有物品，也就是說，只剩下原本物品總數的兩成。

前面曾提及，我原以為位於半山腰的房子會很安靜，怎料竹圍新家臨近通往臺北市的替代道路，因此不斷傳來與首間自宅不相上下的車流噪音，加上幾十個住戶同時裝修新家，導致居住品質反而比以往還糟。只能說我思慮不周，刷卡下訂時忘了自己是在家工作者，白天合法的裝修時段我都會受到影響。有了這層領悟之後，對於隔年即將入住的三峽新成屋，我自然就不抱任何期望了。

二〇一〇年四月，我搬進自己一手裝修完成的三峽新家，四十六坪的寬敞空間只隔了兩房。在物品極少的情況下，客、餐廳空曠到足以騎腳踏車繞行，在屋內講話有時還會出現回音。由於對新社區注定此起彼落的裝修噪音已有心理準備，我勉強還能忍耐，但附近工地不時傳出的強烈震動與清潔大房子的疲勞感，仍逼得我在八個月後棄屋逃難，回竹圍租了一間十六坪的挑高小套房。半年後，我將第三間自宅和裡頭的家具、家電一併上網售出，留在身邊的物品只剩下一些衣物、餐具、寢具、書籍、筆電和貓咪用品。

這間屋齡四年的挑高小套房出自投資客之手，整體裝修只能用「做好做滿」來形容。所有的牆面，適合釘櫃子的位置全部釘了，在爭取收納空間方面堪稱無可挑剔；不能釘的部分則是貼滿壁紙和鏡面，沒有一點兒留白的素面。它在功能和美感上符合一般大眾的需求和品味，日後脫手絕非難事，但對我這種物品不多的人來說，住在被櫃體包圍的小房子裡，反而覺得寶貴的空間被「浪費」了，而且視覺上幾乎沒有遁逃的餘裕。

我越來越明白，我想住的是一間風格簡約、坪數得宜、容易打掃、只存在少量櫃體的房子。於是同年底，我買下社區中另一間面河的挑高屋，並將原本活像龍門客棧的中國風古早味裝修拆個精光。重新裝修期間，我在租屋處又清掉不少衣服、寢具和書籍，所有物的數量再創新低。

二〇一二年四月，我搬進擁有美麗河景的新家，整個一樓除了衛浴之外全是開放空間，二樓則規畫了採光極佳的臥室和書房。櫃子很少，物品更少，房子白到訪客認爲有些刺眼。同年六月，《零雜物》一書問世，我精簡的生活方式引來不少媒體報導，新家也因此躍上許多媒體版面。令我印象深刻的是，某位雜誌記者形容我家客廳好似晒稻穀的廣場，而那其實是我刻意留白用來做運動的地方。

我破紀錄地在那兒住了整整四年，直到我對毫不間斷的捷運、車流和重機噪音忍無可忍爲止。要放棄這麼美的河景令我百般不捨，可是對寧靜的嚮往又促使我訂下另一間位於淡水市區的預售屋。二〇一五年年底新房子交屋，經過一番折騰，隔年三月我又漂漂蕩蕩地搬進自己設計裝修的第五間自宅。

這是一間三房兩廳的房子，我早在預售屋「客變」時便已調整過格局。裝修前夕，我在朋友的推薦下第一次找了風水老師看屋，果不其然，他要求我再次更動格局，並擺放麒麟、山海鎮等各種制煞寶物。由於會讓新家變醜的意見我一概不予理會，因此能採納的建議寥寥可數。不過他說新家是文昌宅，很適合考生居住，我心想，如果我不願浪費這八千元，又希望能充分利用新家的優點，那麼用力取得證照或

搬進位於竹圍河岸的第四間自宅時，我已經清掉九成物品，從此展開了「零雜物」的生活。

位於淡水市區的第五間自宅是風水師父口中的文昌宅，居住期間我陸續拿了五個專業證照和資格。

許是個不錯的選項。

於是乎，二〇一六年我先是成爲「美國專業整理師協會」（NAPO）的會員，在短短兩個月內拚完全英文課程，成了亞洲首位獲得「居家整理」和「職場生產力」等兩項專家資格的人；其後更下定決心，在一年之內迅速考取兩張乙級證照，讓自己可以更名正言順地從事室內設計工作。這對大學聯考後就沒再考過試的我而言，無疑是項艱鉅的任務。

接下來的一年半，我完全處於水深火熱之中，不是練手繪大圖練到手臂貼滿膏藥，必須去中醫診所復健，就是背書背到滿腦子淨是無趣的法條，連吃飯都覺得浪費時間。但辛苦是値得的，二〇一七年年底和二〇一八年春天，我陸續取得建築物「室內設計」和「室內裝修工程管理」的乙級技術士證照，後者還一不小心考了個榜首。接著我索性一不做二不休，連「建築物設置無障礙設施設備勘檢人員」的資格也一併拿下。

由於第五間自宅交通不便，因此我又買了一間位於紅樹林的預售屋，並在它附近租了一間只有十六坪的新成屋，目的是將自宅空出來，以便房仲人員帶看。新租處是一間位於鋼骨大樓內的空屋，我在取得房東的同意後，將房子徹底改造了一番，而且居住期間仍持續清除不再需要的物品。二〇一九年二月，第六間自宅交屋，我即刻著手裝修；兩個月後租約到期，我在一週內賣掉舊家、清空租處，並火速搬進了甫裝修完成的新家。

新家只比前租處大了一坪，不含陽臺的話，室內依舊是十六坪。以我目前的物品數量而言，兩房很夠住了，而房貸負擔也頓時減輕了三百多萬。由於空間不大，我只在客廳、廚房和臥室釘了電視櫃、收納櫃和五尺寬的衣櫃而已。即便如此，電視櫃抽屜仍是空的，而收納櫃內也有許多空位，足以讓訪客把鞋子、外套和包包都放進去。

相較於前面的五間自宅和四個租處，這間「簡約、坪數得宜、容易打掃、只存在少量櫃體」的房子，算是最接近我先前的期待。可是當朋友問我會不會再搬家時，我幾乎是反射性地回答說：「當然，不過這裡至少會住個兩年吧。」此時他們總會追問：「你的房子這麼漂亮，離開不會捨不得嗎？」答案是，不會，因爲每歷經一間房子的裝修和居住，我就越了解自己一點，下一間房子的樣貌自然會更趨近於我的需求。

位於紅樹林的第六間自宅室內只有十六坪，和第三間自宅相差了三十坪，但因為東西少，住起來並不覺得局促。

至於別人怎麼看待或批評我頻繁搬家這件事情，老實說我已經不在意了。活到這把年紀，我接受我就是沒辦法在固定地點住上太久，我就是喜歡不停地改造房子、把房子變美，而且我就是有條件一直搬家而不覺得累。之前我經常透過他人的眼光，拿這一點來譴責自己的不安定，但現在我不再將它視爲一個問題或人格缺陷，某種程度上也算是與自己和解了吧。是的，我終於認清，我就是用房子在修行。

搬家換屋教會我的事

從囤積之家的孩子變成專業整理師和室內設計師，從四十六坪的大房子換成只有十六坪的精實小宅，這個去蕪存菁、嘗試與每間房子磨合的過程，確實讓我學會了什麼；而在裝修工地、整理案場、講座現場和社群平臺上，我也因爲屋主、客戶、聽衆和網友的提問，而得以對某些意料之外或超乎我生命經驗的問題有所覺察。

我發現，他們的疑難多半來自於基本觀念的欠缺，例如將收納和整理混爲一談，或是以爲釘更多櫃子、換間更大的房子，就能擺脫雜物帶來的困擾，結果問題非但沒有排除，反而還花了大筆的冤枉錢。因此，我將這些解決方案的大原則彙整成以下十點，如果你希望讓生活變簡單、讓裝修更沒有負擔，這些關鍵心得應該能讓你少繞一些遠路。

Phyllis的搬家換屋十心得

一、笨蛋！重點不在收納

把東西挪來挪去不叫整理，買更多整理箱、釘更大的收納櫃也只是在掩耳盜鈴，無法徹底整治家中的雜亂。「慢性雜亂」者很容易陷入這種以外部工具來解決內部問題的迷思，事實上，**重新檢視自己的使用習慣，重新思考自己保留物品的理由和心態，然後一一取捨並去蕪存菁，才是整理的核心關鍵。**

Phyllis經驗談

過去我也曾陷入「收納」的迷思。為了將數量龐大的鞋子整齊地塞進鞋櫃，我買了一堆外型統一的鞋盒，還在盒子側邊貼上鞋子的相片以茲辨識。然而，等我認清我常穿的平底鞋只占其中兩成，而美麗的高跟鞋總是令我腳疼時，我便不再「保管」那另外八成的鞋子了。後來鞋櫃空間變得綽綽有餘，甚至還能放進一些運動用品。

二、不想浪費，反而浪費更多

許多人基於當初入手的價錢很貴而捨不得清除雜物，也有不少人爲了「妥善」運用空間而到處釘滿櫃子，這兩者背後的心態都是不想「浪費」。

但買了不用就是浪費錢，花錢釘櫃子來裝雜物，更是浪費兩次錢，還浪費了空間。趕快把雜物處理掉或轉送出去，讓它還有機會發揮剩餘價值，才是眞正的愛物惜物。

Phyllis經驗談

十幾年前我買過一臺很貴的直立式蒸氣掛燙機，因為不好用，便一直藏在收納櫃裡。後來雖然網拍售出，但價格已大幅滑落，主要原因就是我擺了太久，看起來使用時間太長，偏偏那段期間整個收納櫃還被它給占據了。所以，不想要的東西請盡快處理掉，越擺反而越不值錢喔！

三、購屋前先清雜物，立刻少奮鬥二十年

你因爲東西太多，想換一間更大的房子嗎？

多想兩分鐘，你可以不必買下額外的坪數給雜物住。現在房價這麼貴，以二〇一九年第一季臺北市新建案的平均房價——每坪近八十五萬——來計算，拿三坪的空間來堆放雜物，就等於花兩百五十幾萬多買一個房間給雜物住。省一點的話，這筆錢足夠讓你和旅伴環遊世界兩次了。

Phyllis經驗談

我買過四十六坪的大房子，也買過十六坪的小房子。雖然因為地段的關係，入手價只相差五百多萬，但仍是一筆相當大的金額。就算一個月辛辛苦苦地存下兩萬，五百萬也得花上二十年的光陰。如果清除雜物能讓你少奮鬥二十年，你的選擇會是什麼呢？

四、裝修前先清雜物，省下大筆木作費用

你的收納櫃裡囤了很多用不著的雜物嗎？你的衣櫃裡積了很多不會再穿的衣服嗎？你的書架上塞了很多不可能讀第二次的舊書嗎？小孩都上大學了，你還留著他小學時期的美勞作品嗎？

收納這些東西的成本很高，除了房價之外，還有木作費用。以一尺最少要價五千元的收納高櫃來計算，少做一個八尺的櫃子就能省下四萬元，而多數時候，把櫃子裡的雜物拿去變現，總值可能還不到四萬呢！

Phyllis經驗談

我仔細算過，如果在裝修第一間自宅之前先把雜物清光光，我至少可以省下十四萬元的木作費用和門片的噴漆費用。那次裝修，我光是簡單的木作就花了四十萬，可是自從將物品減量之後，我在木作上的花費都控制在二十萬以下。

五、搬家前先清雜物，不必花錢搬運垃圾

遲早要處理的東西，何必等搬進新家才丟？

如果你是首購族或換屋族，又認同前面兩點，早該把雜物清掉了；而如果你是即將搬家的租屋族，最好也能精打細算，不要出錢出力去打包和搬運「垃圾」。一輛三．五噸的搬家卡車通常要價三千五百元，少出一車也足夠你看十幾部電影了。

Phyllis經驗談

我以前搬家動輒出動四車以上，現在可以一車搞定，而最讓搬家師傅皺眉頭的書本，我也清到只剩一百本左右。我依舊會買紙本書，可是讀完之後會盡速處理掉。搬衣服也不太費事，我會將掛著的衣服連同衣架一起對折，裝進黑色大垃圾袋，搬完家只要直接掛上吊衣桿即可，相當輕鬆。

Mark Rothko

六、東西少，空間感就能放大

室內設計師最常運用玻璃和鏡面材質來放大空間感，藉由穿透和反射，空間看起來的確會更加通透，也更有景深。

但如果室內堆滿雜物，雜物的數量看起來也會同步放大。另外，沿壁面設置的櫃體會讓空間變窄，過大的家具也可能會阻礙動線，令空間更顯緊迫。想讓房子看上去大一點，減少物品的數量和體積絕對是最佳方案。

Phyllis經驗談

如果我在目前的客廳擺上一套一加三人座的沙發，外加書櫃、展示櫃、收納櫃和笨重的大茶几，恐怕連轉身都有困難，遑論在地板上做瑜伽了。空間小就要有所取捨，家具也要盡可能輕量化，或乾脆選擇透明塑料物件，將量體化為無形，這麼一來整體的感覺會輕盈許多。

七、家當變少，打掃不費時

如果你跟我一樣不愛打掃，卻期待房子可以乾淨清爽，讓家當變少無疑是減輕家事勞務的必要手段。

東西少，灰塵和塵蟎能附著的表面就少，光是擦拭工作便能減少許多；而清潔地板或檯面時，也不必將家電或物品挪來挪去，可以省下不少時間。只要讓每樣東西都有自己的位置，平常順手歸位，打掃眞的可以相當輕鬆。

Phyllis經驗談

以前住四十六坪的大房子時，單單清潔全室地板就去掉我半條命；現在室內少了近三十坪，雖然每天仍得處理四散的貓毛，但吸地加抹地只要短短十二分鐘就能搞定。大掃除也很簡單，頂多就是洗洗窗簾或清理一下木百葉而已，其他地方每天都維持得相當整潔，屬於隨時都能開門見客的狀態。

八、房子變小，不必當屋奴

房子的坪數小，貸款壓力自然也小。現在「小宅運動」（Tiny-House Movement）風潮正熾，美國有越來越多人爲了審愼理財、對環境友善並共享社區經驗，而以可移動的小宅爲家。

這些功能齊全的小房子大多不到四百平方英尺（約十一坪），興建費用在臺幣數十萬到一百五十萬之間，只要支付少少的地租，就能接水接電、正常起居。最棒的是，這些人從此擺脫了屋奴身分，生活因此變得更加自在。

Phyllis經驗談

大家都聽過一個買屋準則：每月房貸的本利支出別超過家庭總所得的三分之一。但都會區的房價超高，房貸肯定不只月薪的三分之一，一般屋主在付完房貸之後通常只能吃土，我當然也是。因此，如何透過減物來縮小所需坪數，便成了鬆綁財務壓力的重要課題。現在我每月的房貸比之前少了三萬，某種程度上也算是重獲自由。

小宅運動

典型的美國房子大約是兩千六百平方英尺（約七十三坪），小宅則是從一百到四百平方英尺（約二．八到十一坪）不等。小宅可租可買，有些有輪子可以拖著走，有些固定在土地上；有些是屋主自己DIY的，有些是跟製造商買的，有些則是用拖車或巴士改造的，外部造型和內部機能因為居住者衆，而呈現百花齊放的景象。

早在一九九七年，英裔美籍建築師莎拉．蘇珊卡（Sarah Susanka）便因提倡「房子不用大」（Not So Big House）並出版系列暢銷著作，而被視為小宅運動的鼻祖。其後房價的逐步高漲，以及二〇〇八年金融海嘯的推波助瀾，使捨棄大房子、搬進小房子成了不少人降低經濟壓力、翻轉負債生活的選項。

如今，以小宅為主角的電視節目越來越多，HGTV和TLC頻道上播放過的《迷你房屋獵人》（*Tiny House Hunters*），和Netflix上的《小房子大天地》（*Tiny House Nation*），也替這種麻雀雖小、五臟俱全的微型房屋，和擺脫房貸的自在人生，做了極佳的宣傳和推廣。你是不是也心動了呢？

小宅的外觀充分反應了每位屋主的個人特質。（攝影：Dan David Cook，原圖連結：https://reurl.cc/xD7A8E）

九、裝修變快，縮短擾鄰時間

裝修過程中，從拆除、泥作、配置冷媒管、釘天花板、做造型牆面，到製作隔屏、門扇和櫃體（儘管現在以系統櫃爲主流），最花時間的工種當屬木作。坪數小、家當少，裝修期自然不用太長，打擾鄰居的時間也可以相對縮短。這有兩個好處，一是省錢，二是不至於還沒入住就因爲長期製造噪音而得罪鄰居。

Phyllis經驗談

另一個讓裝修期變短的方法是走「輕裝修」路線，只做線條簡單的天、地、壁，或僅僅在難以運用的畸零空間動一些木作，其他部分盡可能以活動家具為主。光線、照明、活動家具和布置軟件是塑造空間性格的要角，與其花費大量金錢在搬不走的固定裝修上，投資在有質感的單品上反而更具效益。

十、包袱變輕，移動更快速

你無法預測自己何時需要移動，天災、意外、家庭人口數的變化、工作地點的調動、健康或居住條件的惡化，或是面臨必要的財務調整，都可能導致你必須搬家、換屋。很多人一想到打包便開始哀嚎，因爲東西多到不知該從何下手，於是最後不是懶得改變，坐以待斃，就是死拖活拖而錯過了時機。保持一點移動上的彈性是有利的，一旦包袱變輕、家當變少，你的自由度自然就能隨之提升。

Phyllis經驗談

我從上一個租屋處搬進目前的第六間自宅，前後只花了一天半。詳情是，我在搬家的前一晚才開始打包，而搬完家的隔天中午就已經將物品全部拆箱就定位，把新家統統整理完畢了。如果不是東西少，我不可能做到這一點。坦白說，我很享受這種不被物品綁死、可以隨時轉移陣地的感覺。

回顧過去十三年的「修行」，儘管過程有些超乎預期，有些朋友甚至覺得我「顛沛流離、居無定所」，但正是因爲如此，我才能成爲許多人眼中的整理魔人和裝修達人不是嗎？

下一章我將進一步分享：關於裝修，你最好能事先知道的事。歡迎裝修素人和想了解更多裝修概念的人繼續看下去！

第二章

關於裝修，你最好能先知道的事

搬過那麼多次家、設計過那麼多間房子，經常有人問我關於裝修的大小事情，或是想直接委託我進行設計。在回答問題或洽談的過程中，我發現很多人對裝修毫無概念，既不明白自己要什麼，也不清楚每項工程可能的花費。於是，我或許花了一、兩個鐘頭了解屋主的想法，聽他描繪夢想中的空間與各種細節，最後卻發現對方手中的預算根本只夠安裝冷氣。

基本上，裝修就是花錢。屋主的每一個點子都必須花錢才能執行。想省錢自然有省錢的做法，要麼屋主退一步接受質感較差的建材或品質較粗糙的完成品，要麼花時間學習如何ＤＩＹ，或是自行設計、發包、監工，然後打造出堪用卻不保證有美感的「溫馨」作品。是的，網友的眼睛是雪亮的，當一個欠缺美感的ＤＩＹ空間被貼上論壇討讚時，大家能給出的評語通常也只有

「溫馨」二字。

總之，無論你想找室內設計師全權處理、想找統包廠商責任施工，或是自己發包，一肩扛下所有裝修期間的痛苦與磨難，以下提及的現實面請務必認清，以下闡述的觀念也請適度咀嚼。與其上網比價，再似懂非懂地拿一些網路留言來「考」專業人士，不如好好爬梳自己的需求，將它們有條有理地彙整起來，相信對接下來的裝修過程會更有幫助，畢竟不浪費別人的時間也是一種美德。

裝修STEP 1

準備階段

在思考要釘多少櫃子前，你想過囤積的成本嗎？

首先我必須說，在進行任何設計裝修前，最重要的任務就是清除雜物。唯有清除雜物，才能精準掌握收納需求。

對我而言，櫃子的功能有二，一是展示，二爲儲藏。不過很多人用它卻是爲了第三種理由——「遮醜」，反正闔上門片，那些不知該怎麼整理的雜物立刻就能離開視線，不愧是收納失能者的好幫手。只不過，當你爲了儲藏雜物而釘製大量櫃體時，可曾想過自己究竟付出了多少成本？

我們來算算看：假設你的房子位在臺北市的精華地段，以預售屋和中古屋的平均單價每坪六十萬來計算，一個寬度三百公分、深度四十公分的收納高櫃，大約會占掉二十二萬的房價，造價則是四至七萬元不等；換句話說，這個櫃子的成本是二十六萬起跳，但櫃內那些雜物拿去網拍可能還換不到六萬。試問，這多花的二十萬是不是白白浪費呢？同樣地，一個寬度三百公分、深度六十公分的大衣櫃，儲藏成本至少是三十六萬。按照80／20法則，如果你實際上會穿的衣物只有其中兩成，那麼你可能多花了二十八萬元在收納你不穿的衣物上。

想通了嗎？對一些單價幾十元、幾百元的建材費用斤斤計較，其實省不了多少銀兩，可是清除雜物卻能讓你少做一些櫃子、少買幾坪房子，一省就是幾十萬、上百萬元，這是不是一筆超划算的交易呢？所以，裝修前請先把不需要也用不著的鍋碗瓢盆、書報雜誌、衣物鞋子、故障電器和過多的寢具清一清，你會發現自己需要的櫃子可能不及原本估計的一半，未來的新家還會因爲少了櫃子而更顯寬敞！

過猶不及，極簡到「空無一物」的房子眞的好嗎？

只不過，清除雜物固然重要，但過與不及都不是件好事。極端的極簡主義者傾向讓房子「空無一物」，雖說那是個人喜好，當事人開心就好，但以室內設計師的角度來看，家徒四壁並不「美」，某種程度上也有點爲難同住的家人；而就專業整理師的觀點來看，「爲丟而丟」更稱不上是健康的做法。如果囤積是一種病，上癮似的丟棄又何嘗不是呢？

日本著名的平面設計師／插畫家緩莉舞，因爲家中空無一物而備受矚目，她不僅將自己丟東西的事蹟畫成了暢銷書《少物好生活》和《親愛的，我把坪數變大了》，故事還被拍成電視劇《我家空無一物》。從小生長在雜物堆中的她，在遭遇日本三一一大地震後，體悟到家中過量的物品有可能在天災降臨時變成「殺人凶器」，因而下定決心清理雜物。我完全理解她的動機，也佩服她超強的執行力，但我並不想住在像她家那樣的房子裡。清爽、好整理是一回事，舒不舒適、好不好看卻是另一回事。

這幾年極簡主義盛行，我看過整個空間中只有電視機，居住者和訪客都必須坐在地上的「客廳」，也看過捨棄床墊，居住者只鋪床棉被就直接睡在地上的「臥室」。這些視人體工學、待客之道或養身法則如無物的生活方式，我個人是敬謝不敏。我一向認爲，家是讓人卸除武裝、得到安慰、與家人互動並保有隱私的空間，也是切斷負面連結、滋養身心的安全場域。家適合用來放鬆或充電，而非用於苦行。

《擁有越少，越幸福》的作者約書亞·貝克（Joshua Becker）爲極簡主義下了一個定義：「極簡主義是有意識地提升我們珍視的事物，去除任何從中阻礙及蒙蔽我們找到這些珍寶的東西。極簡主義的美妙之處不在於把東西拿走，而是當中隱含的收穫。」他認爲「少量」不等於「一無所有」，而這也是我在達到「零雜物」狀態後，很想對「爲丟而丟」者傳達的訊息。

許多人以爲我過著充滿「規則」的生活，例如衣服不能超過五十件、書不能超過一百本，而且隨時都因爲擔心家中積累了雜物而過得緊張兮兮。No！我清除雜物是爲了讓自己「獲得」留白的空間、清爽的氛圍、更多不被家事勞務占據的時間和更少的房貸，而不是因爲跟隨某個不知從何而來的數量限制，強迫自己或同住的家人一起「修行」。**清除雜物的目的是讓生活輕盈、讓心更自由，絕不是爲了虧待訪客、讓自己筋骨痠痛，或是背負更龐大的情緒壓力。**

我認爲，只要事先清除雜物，針對必須留下的物品進行收納規畫，並在櫃體放滿時做到「一進一出」，不讓物品溢出收納櫃，這樣便足夠維持一個整潔的家了，實在不必做到家徒四壁、空無一物的程度。簡單講，不舒服的地方不叫家。「你的天堂有可能是家人的地獄」，對囤積者和丟物狂而言，這句話都是成立的。

Lagom vs. Hygge，在簡約與舒適之間取得平衡

那麼，要如何在簡約和舒適之間取得平衡呢？我們不妨先了解一下lagom和hygge這兩個北歐人經常使用的單字。

Lagom是瑞典語「適量、不多不少」的意思，意指一種平衡、永續且令人愉悅的生活方式。你無須戒除你喜愛的事物，但也不獲取比「足夠」更多的量。當這種恰如其分的中庸之道被運用在室內設計上時，居住者能有自覺地打造出回歸本質、拒絕極端，雖不浮誇但也不無聊、簡單俐落卻又親切舒適的美好空間。從執行層面上來講，就是先去除你不需要的，然後選用兼具功能性和設計感的簡約物件，藉此有計畫地形塑出空間風格。

清爽明亮又具親和力的北歐風空間。

清爽明亮又具親和力的北歐風空間。

選用兼具功能性和設計感的簡約物件，是北歐風空間的特色。

「有計畫」三個字很重要，這代表你是有意識、有策略地在營造一個空間的氛圍。你必須具有明確的目標，而有了目標，你自然會產生趨近這個特定目標的動機；換句話說，你所有的裝修決定、採購行爲和生活習慣，都不會偏離這個目標。你不會夢想著一間美式風格的房子，卻在旅途中一時興起買了穿著和服的日本人形，還企圖擺在客廳裡展示；你也不會夢想著一間工業風的房子，卻在逛夜市時買了印有皮卡丘的門簾，還掛在房門口當作裝飾。想當然耳，想打造一間「剛剛好」、既簡約又舒適的房子，你更不會用雜物塞爆它，或是明明買得起床墊卻每天打地鋪，搞到寒氣入侵，以致影響了心臟功能。

瑞典人的 lagom 是一種處世原則，而丹麥人的 hygge，與其說是生活風格，不如說是某種文化上的概念，或者更像是某種意圖——一種爲了舒適地與親友共度美好時光而做的安排。

丹麥一年當中有充分日照的時間並不多，一年有半年在下雨，而且冬季陰暗又寒冷。由於必須長時間窩在室內，丹麥人遂發展出能在嚴峻的氣候條件下，創造安逸與親密感的能力。Hygge 原是挪威語的「幸福」之意，它的眞諦在於回歸本質、簡化生活，不走花大錢的炫耀路線，但求樸實慢活，充分玩味生活中的小確幸。好比說，在大自然中尋求慰藉，勝過待在健身房裡；自己動手做點心，好過上高級餐廳；生命短暫，所以不把事情變複雜；善待自己，所以不必太過拚命。

北歐人有一句話是：「沒有不對的天氣，只有不對的衣服。」意思是你無法改變天氣，但你可以改變穿著，然後一樣投入大自然的懷抱。將同樣的邏輯套用在房子上，我們也可以說：「沒有不對的房子，只有不當的設計。」即使房子很小、採光不佳，我們也可以透過用心的規畫，爲居住者創造出最高的舒適度和最大的幸福感。

有了上述概念爲基底，接下來，我們將進一步探討如何設計與規畫一間房子，以及在此階段通常會面臨哪些現實問題。

装修STEP 2

設計規畫階段

你的房子不是你的房子

除非你全憑一己之力攢足頭期款，否則這年頭想買房，幾乎都得靠長輩資助。我見過的買房模式，大抵是年輕人努力存下一筆頭期款，但金額尚不足以買下心目中理想的坪數，因此由父母主動或被動地補足缺口；或是年輕人自認有能力償還房貸，卻始終無法存夠頭期款，於是只好找父母金援。

當然，我也遇過爲了逼子女買房，自己主動付清頭期款並要求小孩付房貸的父母，還見識過明明是自己想買房，卻因爲上了年紀貸款不易，硬是拿子女當人頭的父母。不過我想，這本書的讀者年齡層不會是老人，因此我想提醒各位一件事：只要你用了長輩的錢，你的房子通常就不是你的房子了。

什麼意思呢？假設你原本的存款只夠買兩房，現在因爲長輩的金援而買了三房。你心裡可能盤算著：「總算買了坪數像樣的房子，我想把三房改成大兩房，住得舒服點。」但問題來了，你跟父母溝通過他們造訪時要住哪裡嗎？是住附近的飯店，還是住在你家？你拿了父母的錢，是不是要爲他們留個房間，以免落入不尊重、不孝順、不貼心的口實？甚至父母已經要求你替他們保留房間了，那麼在規畫格局時，究竟是要守住自己對住處的夢想，還是必須拿人手短地留下一間平日閒置、日後有極高機率變成雜物間的孝親房呢？說到底，這些多出來的坪數你可能根本無法做主。

再者，我遇過的長輩少有不注重風水的（雖然他們自己經常做出囤積雜物這種破壞採光與通風，又阻礙動線的行爲）。也因此，當你想打造可能會導致「開門見灶」的美式開放廚房、可能形成「穿堂煞」的loft風格，或是可能造成「蛇煞」的工業風明管配置時，不妨先確認一下金主的意見，否則跟室內設計師聊得再開心都是白搭，就算設計圖都畫好了，最後仍有可能被長輩全盤推翻。

事實上，比較資深的室內設計師對風水都有一定程度的認識，在規畫格局時會自動避開風水禁忌。以我個人爲例，我在買房時會排除路沖、角煞、弓箭煞等明顯的風水瑕疵；在設計室內空間時，也會盡可能掌握床頭不壓梁、廁所門不對灶等在科學上有其根據的風水原則。然而，如果要算什麼東四命、西四命，還要在家裡安麒麟、掛洞簫、貼八卦鏡、擺水晶洞，或是配合生辰八字時不時挪動床位來迎接好風水，那我就不太認同了。我之所以不想鑽研我老媽專精的玄空風水學，就是不想知道太多禁忌與細節，免得自己綁手綁腳，徒然在心中生起一堆罣礙。

我認為，只要空氣流通、動線合理、光線得宜、看起來順眼，就是適合自己的好風水。在屋內擺上一堆風水寶物，只會讓我心裡發毛；更重要的是，無論一個空間走的是鄉村風、工業風還是北歐風，一旦這些玩意兒躍上檯面，保證什麼風格都會立刻轉為宮廟神壇風。但世界不會完全依照我的想法運作，金主也不會完全順著屋主的理想打轉，因此當出錢的長輩對你家的風水有意見時，請務必先找風水師，再找室內設計師。畢竟，當圖面都已確定，卻遇上風水老師攪局時，室內設計師往往只能悲情地配合改圖。既然如此，把行事順序做合理的安排，不是比較妥當嗎？

在這裡我要點出一個不合理的現象，那就是，屋主普遍希望室內設計師能懂一些風水，卻鮮少要求風水老師了解一些室內設計的基本概念。經過風水老師指點的房子，不是動線被所謂的擋煞隔間切得七零八落，就是擺了與室內風格毫不搭軋的制化寶物而變成醜八怪；而最糟糕的，莫過於要求屋主配合命宮，在每個房間、甚至同一個房間的不同牆面，貼上顏色各異的壁紙，簡直毫無美感可言。

我在拍賣網站上就見過一間號稱由風水老師精心改造的中古屋，它的客廳裡有一道莫名其妙的隔間矮牆，矮牆上方「種」了一整排高度直達天花板的綠色竹子，透過竹葉縫隙灑下的燈光使客廳顯得鬼影幢幢，黑色老氣皮沙發旁那個貌似巨型金元寶的腳凳，更是教人對風水老師的品味嘖嘖稱奇。

但室內設計師不會跟風水老師過不去，因為若不按照後者的意見改圖，屋主未來若是身體欠佳、招來血光，或是運勢不順、業績下滑，怪罪的肯定是試圖堅守合理動線、人體工學和基本美感的室內設計師。

那麼，當金主在意風水，偏偏風水老師的建議與空間美感、生活機能相衝突時，又該怎麼辦呢？以下列舉幾個我實際採用過的解決方案：

一、請將風水老師的每一項建議，按你個人或金主重視的程度用〇～五分加以排序。如果無法全數採納，至少完成其中最被在乎的七成建議，讓長輩感覺受到尊重，其他則以動線不順暢、小孩容易跌倒受傷這種「金孫牌」擋回去，相信所有長輩都不希望小朋友在家中發生意外或不幸。

二、倘若你嚮往現代簡約風格，風水老師卻強調玄關得掛一幅大紅色的招財進寶圖，這不表示你只能選擇傳統畫作，因爲普普藝術大師安迪·沃荷（Andy Warhol）的絹印作品〈美金符號〉（*Dollar Sign*）也有紅色版本，或許風水老師只是不知道有這些畫作存在而已。試著問問他，或許他也會覺得可行。

三、針對命格五行屬火的屋主，有些風水老師會建議在屋內漆一整面綠色的牆，企圖用代表「木」的綠色，透過「木生火」的相生關係來爲屋主增強運勢。但屋主不見得能接受大面積的綠牆，這時具有空氣淨化功效的綠色觀葉植物、綠色系/條紋款式的抱枕或擺飾就派上用場了，因爲條紋也同樣屬「木」。

事實上，有不少傳統風水上的建議，可以用符合自身美感標準的方式或物件去轉化，所以盡可能別讓自己勉強或將就地入住新居吧！

另外，有些長輩會要求你使用一些你並不想要的舊物件，類似的情境可能是：「你剛買房子，能省則省。你原本房間裡的窗簾還好好的，拆過去用。」或「儲藏間裡有一張用不到的茶几，你搬過去用，不要多花錢。」這些物件多半和你追求的空間風格不相稱，抑或老舊、花俏、俗氣到完全破壞了新屋的質感，可是伴隨著情感勒索的要求又讓你無法拒絕，這時不只你想哭，連室內設計師也很想掉淚。

如何與金主保持舒適的距離，不讓未來的生活過度遭到干涉，可說再再考驗著你的智慧！

量身訂做你的好宅

搞定金主和風水老師之後，我們就要進入眞正的設計規畫階段了。通常這時候，大家總認爲要先蒐集自己喜歡的室內空間圖片，但在這個階段，其實還有更重要的事情必須思考。

某份室內設計公司的內部調查顯示，有百分之四十五的屋主在入住新家的一個月內就將新屋毀容；住滿一年還能勉強維持屋況的僅占百分之十五；入住五年仍能維持原樣的，只剩下百分之三。我詢問眾多屋主何以會有如此難堪的結果，他們認為是以下幾個原因造成的：

一、動線不良。
二、收納櫃不夠裝、不好用、不順手。
三、預算不夠，該做的沒做。
四、被小孩、寵物弄亂。
五、自己的生活習慣不好。
六、有人愛亂買。
七、當初高估了自己的收納、維護能力。

前三點顯然是設計規畫沒做好，這些理應是室內設計師可以協助改善的部分；第四到第七點則是生活方式必須調整，這些則是專業整理師可以介入輔導的部分。

不過，如果一開始的規畫就不到位，後面再怎麼整理仍是治標不治本。也因此，確認物品總量和屋主的生活動線，讓居住者能輕鬆收納並進行日常作業，才是設計階段的首要之務。

確認物品總量與生活動線，才能久住不亂

將話題拉回物品上。如果你一直卡在某個環節，而無法將雜物清除完畢，請參考我的前兩本著作《零雜物》和《囤積解密》，相信對你會有些幫助。但如果你已經將雜物清除完畢，只留下真正需要的東西，那我們下一步要做的，就是盤點物品數量，弄清楚自己究竟有幾件衣服、多少本書、多少雙鞋、多少鍋碗瓢盆、多少家電和多少收藏品，以便規畫收納方式與櫃體的尺寸。

一般而言，室內設計師一定會將上述物品的數量弄清楚，並在不影響美感、不造成壓迫感的情況下，盡可能創造出足夠的收納空間。可是，收納空間不是越多越好，

它的所在位置恰不恰當、有沒有調整的彈性，才是好不好用的關鍵因素。比方說，兩個衣櫃、一個書櫃、一個鞋櫃、一個電器櫃和一個電視櫃，內部的收納空間加起來可能還不及一間儲藏室，可是如果拿個衣服、書本或鞋子都得跑一趟儲藏室，你大概會累到想罵人。因此接下來，我們得開始檢視你的生活動線。

我曾經去某位屋主家中擔任整理教練。他們住的是四十幾年的老舊公寓，由於期待某天可以都更，因此雖然屋況奇差，也不願花錢整修，理由是不曉得房子何時會被拆掉。於是一年等過一年，他們一直半放棄似地窩在堆滿雜物的空間裡。

公寓的大門口堆滿鞋子，新買的只能堆在後陽臺，而喜新厭舊是人之常情，導致他們每天出門都得繞過半間房子，去後陽臺取常穿的新鞋；若是遇上雨天，回家時更必須拎著鞋子穿過整間房子，走到後陽臺，再拿抹布擦乾地上的水滴。奇妙的是，他們從沒想過要把大門口那些少穿或不會再穿的舊鞋處理掉，反而將就著極不順暢的動線生活了好幾年，直到我指導這家人清掉舊鞋、把新鞋挪到大門口，他們才總算不再爲出入所苦。

如果你覺得這個例子很可笑，請試著想想自己有沒有類似的行爲。比方說，你喜歡躺在沙發上讀書，卻把書架擺在書房裡，搞到取書和歸位你都嫌麻煩，以致客廳茶几上總是堆滿了書本？或是，你每天都在廚房餵貓，卻把乾糧、罐頭和零食擺在房子另一端的儲藏室裡，以致每次貓咪催飯時你都疲於奔命，最後乾脆隨意將貓食擺在流理臺上？

把常穿的鞋子放在「穿鞋」這個動作會發生的地方，再合理不過了。那麼針對上述案例，把書櫃擺在客廳，把貓食擺在廚房，是不是更省事也更理所當然呢？這些動作發生的地方，我們稱爲「機能點」，而連結這些機能點的路線，就稱爲「動線」。動線順暢，你的生活起居自然有如行雲流水；動線不順，你肯定會浪費很多能量在不斷往返和收拾殘局上。

如果不希望房子的美感只是曇花一現，還希望整體空間可以久住不亂，我們就得先了解每一位居住者的生活動線。下面我將生活動線分爲出入、盥洗和休閒三種，並以自己的習慣爲例。

一、出入動線

出門前我會走到玄關穿上外套，選擇當天要用的包（黑色後背包或黑色手提包），並視當天的活動和需求，將會用到的小物件（面紙、口罩、墨鏡、耳機、購物袋、折疊晴雨傘、水壺）或專用收納袋放進包包，拿取鑰匙，然後穿上外出鞋出門。回家後我會在玄關放下鑰匙和隨身物件，脫下鞋子和外套，接著將包包清空，然後進衛浴洗手。

前面提及的專用收納袋，指的是「丈量袋」「整理袋」或「登山袋」。外出丈量和接整理案會用到的工具，以及爬山會用到的小東西，我會用小型收納袋裝好，需要時只要直接拎起來放進背包即可。

在玄關，Phyllis需要的是？	如果沒有這個機能性設計會如何？
放包包的收納櫃	只好隨處放，例如書房或臥室地板
掛外套的外出衣櫃	只好層層疊疊地披在沙發扶手或椅背上
放出門小物件的收納櫃	只好放在書桌上，以致經常忘了拿
放鑰匙、暫時擱置手上物品的平臺	只好擱在餐桌或茶几上，然後經常找不到
收納所有外出鞋的鞋櫃	只好脫在玄關，出入都得踩在鞋子上頭

解決方案

1

由於室內坪數不大，我必須將鞋櫃、外出衣櫃（汙衣櫃）、小物收納櫃和壁爐整合成同一個櫃體。為了配合上方的結構梁，這個櫃子只能有四十公分深，但一般衣櫃的深度是六十公分，因此我以正面橫掛的方式設計外出衣櫃。我的家當很少，後來連地震逃生包、單椅模型、僅剩的CD、工具箱和行李箱也全部擺了進去，裡頭甚至還空出一大格，足以讓訪客放置包包和隨身物品。

2

我在進門處的牆面上安裝了一條IKEA的現成畫架，好讓鑰匙有個固定的家，省得每次出門都得東找西找。這個小小的平臺可以暫時擱一下手機、太陽眼鏡和待寄的郵件。我同時也用它來展示一些心愛的經典單椅模型。

汙衣櫃的必要性

我發現許多人都有以下困擾：大部分的褲子或冬季的毛衣和外套，並不會穿過就洗，可是大家不想將不算乾淨的衣物掛回衣櫃，而且那幾件穿過的衣服還會交替著穿，因此脫下後不是披在椅背上、丟在沙發上、掛在門把上、隨手放在室內梯的欄杆上，就是把健身車當成昂貴的掛衣架。久而久之，下層的衣服不僅拿不到，有時椅背還會因為重量失衡而翻倒，搞得衣服散落一地。

我在自家玄關設計了「汙衣櫃」，專門用來掛穿過、但還不需要洗的衣物，例如牛仔褲、毛衣、軟殼外套、風衣、戶外雨衣和遮陽帽。有了這個設計，衣服就不至於四散（前提是你願意把它掛進去），誠心建議你在裝修時將它納入考量。

汙衣櫃也適合用來放外出包包，畢竟包包很少用了就洗。設計時，請以掛桿和層板為主，抽屜不必多，因為頂多只會用來放還沒洗的圍巾。內部空間最好以冬天的汙衣數量和包包的總量進行估算，免得屆時不夠放。外部門片則不妨加上一些透氣設計，例如透氣孔或木百葉，以免異味在裡頭蓄積。

在西方國家，尤其平房式的住宅，類似玄關的空間稱作「泥巴間」（mudroom），裡面通常有高櫃／頂天櫃，上層用來掛外套或包包，下層用來放鞋子或長靴；當然也有可以坐下來穿脫鞋子的長凳，以及一些可以掛包包、帽子、雨傘或寵物牽繩的掛勾，和可以用來整理儀容的鏡子。空間足夠的話，還會將滑板、球類和雪具也一併收納在此。簡單講，雨水和汙泥只會停留在這兒，不會帶進室內。

順道一提，日本民宅裡比較相似的空間叫作「土間」（どま），是室內與戶外的過渡地帶。有別於架高的客廳、寢室等空間，土間與戶外地面同高。早期的農家或手工業者會把土間當成作業和炊煮的空間，現代則縮小為穿脫鞋子的一小塊地方。

美式平房的mudroom，頂天高櫃能收納家庭成員的外套、包包或運動用品，較凸出的下層則兼具鞋櫃和穿鞋凳的功能。

二、盥洗動線

早晚梳洗前，我會綁好頭髮，取用清潔用品，刷牙、洗臉，將臉部和雙手擦乾，然後吹整頭髮。

洗澡前我會拿著乾淨衣物走進浴室，脫下髒衣服，站在洗手臺前卸妝（即使只擦了防晒乳），接著進淋浴間淋浴。洗完澡後我會用玻璃刮刀排除牆面壁磚、澡缸四周和附著在玻璃淋浴隔間上的水珠，然後擦乾身體，吹乾頭髮，開啓乾燥機，最後穿上乾淨衣物，將待洗的髒衣服放進後陽臺的洗衣籃內。

在衛浴，Phyllis需要的是？	如果沒有這個機能性設計會如何？
暫放乾淨衣物的位置	只好把衣物擱在馬桶蓋上
收納清潔用品和吹風機的浴櫃	只好全部擺在檯面上，顯得十分雜亂
收納沐浴用品和玻璃刮刀的架子	只好擱在地上，物品下方因為潮濕而長霉
掛擦手或擦臉毛巾的毛巾桿	只好把毛巾掛在門把上或披在洗手臺邊

解決方案

1

不到一坪半的衛浴空間，我希望盡可能讓牆面留白，取捨之後，決定不在牆上釘任何置物架。是的，最後我選擇把衣物擱在「非常乾淨」的馬桶蓋上，因為比起由一堆細圓桿組成的金屬置物架，把馬桶蓋擦乾淨還比較快速、省力。

2

建商附的洗手臺沒有置物櫃，因此客變時我直接把洗手臺退掉，另外安裝附收納抽屜（內附活動隔板）的洗手臺櫃。所有清潔用品都收得好好的，連乾淨毛巾也擺在裡面。

3

毛巾桿就長在淋浴門外，在洗手臺洗完手、臉之後可直接取用，但我每天一定換新。

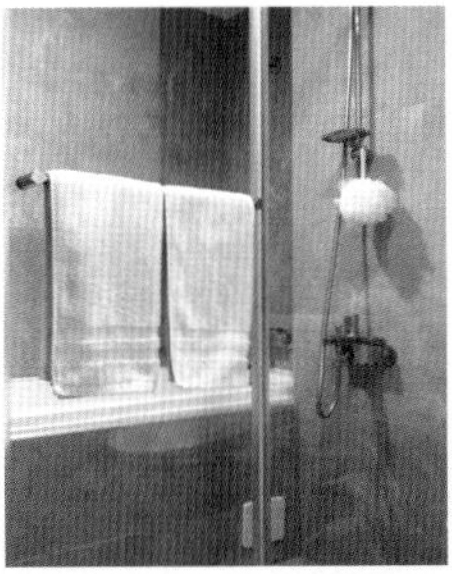

4

我不使用大浴巾（一般人很少天天洗浴巾），因為浴巾較厚，洗了不容易晾乾，烘起來也耗電，所以我都用純白的毛巾充當浴巾，一擦完就丟進洗衣籃，絕不重複使用，以避免細菌滋生。

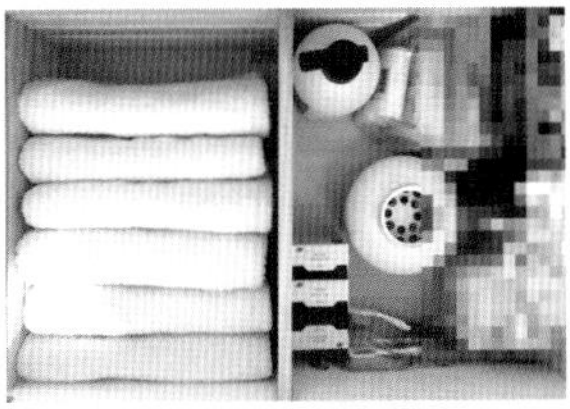

三、休閒動線

我會走到客廳，拿起遙控器打開電視機。如果開著YouTube聽音樂，我可能會一邊陪貓或剪指甲；如果不看YouTube或Netflix，我通常會用Apple TV打開名為「Yoga Studio」的APP，挪開茶几、鋪好瑜伽墊，然後跟著螢幕做瑜伽。

家中已經沒有電話機了。在我停用市話之前，電話響起就只有三種可能性：一，詐騙；二，推銷；三，拜票。家中也不再有CD和DVD播放器，這些設備隨著影音串流服務的興起，存在的必要性已大幅降低。

在客廳，Phyllis需要的是？	如果沒有這個機能性設計會如何？
擺分享器和Apple TV的電視櫃	只好讓設備外露，還擺在地上
可以擱遙控器和手機的茶几	只好把東西擺在沙發上，然後掉進縫裡
擺放指甲剪、瑜伽墊的位置	只好擺在其他空間，用完後懶得物歸原位
讓貓可以休息、晒太陽的位置	貓不想待在那兒，我也玩不到貓

解決方案

1

我將電視櫃和壁爐櫃整合在一起，深度同樣是四十公分。為減少壓迫感，我捨棄了上方吊櫃，只做挑空的抽屜下櫃，方便收納小東西。這個深度可以放置五十八吋的大電視，也足以將分享器的天線收在裡面，能有效減少雜亂感。

2

儘管許多極簡主義者認為應當捨棄茶几，但有需要的東西我還是會買。為了能迅速將客廳地板淨空並鋪上瑜伽墊，我選擇的是單手就能舉起的輕巧款式。

3

把藤編貓塔放在客廳窗邊，貓愛待在那兒，我在客廳時也方便跟貓互動。

4

不使用瑜伽墊時，我會將它捲起來，就近塞到沙發下面，因此沙發一開始就不選落地無腳的款式。我很清楚，如果把瑜伽墊收納在別的房間，我肯定會因為懶得搬動，而降低練習的頻率。

以上是我的例子。現在請用左頁表格記錄每位居住者的生活動線，以及會在機能點上發生的每一個動作，然後彼此討論。重疊程度最高的，代表在那個空間裡，該項機能性設計的需求最高，因此請務必將它列爲裝修時的優先施作事項；如果那項設計可有可無，就算缺了影響也不大，那麼只要大家能思考出一個「可執行」的替代方案，倒也不是非做不可。

另外，你也可以加碼列出發生在打掃動線、洗衣動線、烹調動線和照顧（幼兒或長者的）動線上的各種動作，並逐一分析。動線安排得好，做事效率便能順利提升，對年紀較長的居住者而言，也能適度減輕身體上的負擔。總之，事先把需求想得周全一點，房子日後變亂的可能性自然較低。

成員	動線	需要的機能性設計	缺乏此機能的後果	解決方案
動作1				
動作2				
動作3				
動作4				
動作5				
動作6				
動作7				
動作8				

清潔用品櫃

在整理現場，我發現許多人將掃把、畚箕和抹布擱在後陽臺，將拖把和水桶放在淋浴間，把吸塵器放在臥室或客房，而清潔廚房、衛浴、地板和玻璃用的瓶瓶罐罐，也經常分散在不同地方。不時有人問我，這些東西應該收在各個區域的專屬位置，還是應該放在某處統一管理？坦白說，我沒有標準答案，但若以減量為目標，統一管理會是比較合理的做法。

統一收納瓶瓶罐罐和各種備品的好處是，你不必在各個區域都擺一副置物架，這麼做既浪費錢又占空間；你也不必擔心將清潔用品放到過期，或是幼兒在你看不見的角落誤食了內容物。

針對掃把、拖把、平板拖、除塵拖等長柄工具，我建議你在牆上安裝萬用掛架／懸掛器，讓它們全數離地上牆。這個掛架可以安裝在訂製的清潔用品櫃內，也可以安裝在後陽臺的牆面上。盡量別用廚房、衛浴或室內開放區域的牆面，那只會增添視覺上的凌亂感。至於馬桶刷和淋浴拉門的刮刀，當然是以就近收納為原則。

說到大型吸塵器，一般我會為它設計底部與地板同高的訂製櫃體，使用時直接拉出或推入即可；如果它是需要充電的輕巧款式，櫃體底部就不必與地板同高，但櫃內肯定會為它預留插座。

我家沒有掃把、畚箕、拖把、平板拖、除塵拖、水桶這些東西。撇開玻璃刮刀和馬桶刷不談，我的清潔工具就只有一臺可換吸頭的充電式 Dyson 吸塵器和兩條抹布而已。我替 Dyson 設計了一個附插座的收納櫃，抹布和清潔備品則是一起收在後陽臺的縫隙櫃裡，基本上在室內完全不會看到它們。

上：頂天高櫃最上方擺的是不常用的貓提籃，冰箱右側收納著衛生紙備品、少量乾貨和手持式吸塵器。我在櫃內設計了一個插座，讓吸塵器得以隨時充電。

下：小小的後陽臺擺下洗衣機和洗碗機後，寬度只能塞進一個縫隙櫃。我把抹布和清潔備品統一收在那兒以便管理。

轉角遇到「礙」？

讓所有人都能使用無礙的通用設計

現在我們已經了解每位居住者的動線和機能需求了，不過如果家中有老人、兒童、孕婦和行動不便者，在設計規畫時，是不是也有必須注意的事項呢？當然有，所以緊接著我們要來談談何謂「通用設計」。

「通用設計」（Universal Design）一般簡稱「ＵＤ」，是美國建築師暨產品設計師羅納德．麥斯（Ronald L. Mace）在一九八〇年代提出的概念。很多人會將通用設計和無障礙（Barrier-Free）設計搞混，簡單講，這兩者的不同之處在於，前者不是爲身心障礙者特別設計的，它的目的是打造出無障礙的環境，讓「所有人」——包含手上提滿大包小包、穿高跟鞋、推嬰兒車、必須暫時拄枴杖的人——「統統都可以使用」。

身爲行動不便者，麥斯在大學時期就已明顯感受到學校設施的不友善；成爲建築師後，他更發現當時的美國住宅很少考慮到輪椅使用者的需求，而少數能符合需求的特殊住宅，又因爲難以兼具實用性和美感，而令一般非輪椅使用者卻步，導致銷售狀況不佳。如何蓋出一棟讓各種年齡、體型和行動能力的人，都感覺安全、好住又有吸引力的房子，便成了他畢生努力的課題。

一九九〇年代中期，麥斯提出通用設計的七項原則（簡稱「UD七原則」），分別是：

一、公平使用：這種設計對任何使用者都不會造成傷害或使其受窘。

二、彈性使用：這種設計涵蓋了廣泛的個人喜好及能力。

三、簡易及直覺使用：不論使用者的經驗、知識、語言能力或集中力如何，這種設計的使用都很容易了解。

四、明顯的資訊：不論周圍狀況或使用者的感官能力如何，這種設計有效地對使用者傳達了必要的資訊。

五、容許錯誤：這種設計將危險及因意外或不經意的動作所導致的不利後果降至最低。

六、省力：這種設計可以有效、舒適及不費力地使用。

七、適當的尺寸及空間供使用：不論使用者的體型、姿勢或移動性如何，這種設計提供了適當的大小及空間供操作及使用。

目前市面上符合UD七原則的新建案並不多，也不是人人都有財力購買新房子，因此我們不妨透過預售屋的客變機制和老屋翻新的機會，將這些原則落實在居住空間當中；換句話說，建商沒做，我們可以自己做。例如：

一、去除高低差

在一間房子裡住得夠久，一定會面臨居住者老化的情況。當年長者下肢無力、視力退化時，室內的高低差往往會使他們跌倒，甚至因此長期臥床。這些高低差通常出現在大門、衛浴和陽臺的門檻，以及樓梯、和室、架高地板等位置。風水學主張，室內地面高低不平會使運勢坎坷，這對老人而言可謂千眞萬確；但對孕婦、嬰幼兒、身障者，和因意外而暫時不良於行的人來說，高低差也同樣令人困擾。因此，不是只有銀髮住宅才需要去除高低差。

假使住的不是UD宅，首先要做的自然是去除門檻，或將門檻的高度下降至三公分以內。如果以上兩者窒礙難行，不妨在門檻兩側倒圓角或加上平緩的斜角，未來既方便輪椅進出，行動能力較爲受限的居住者，也不會因爲踢到門檻而不愼跌倒。至於衛浴內外及淋浴間的乾濕分離門檻，則建議以「截水溝」取而代之，如此地面可保持平整，水也不至於向外溢出。

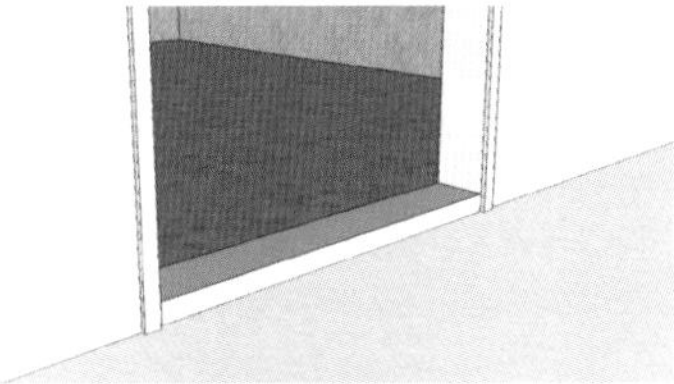

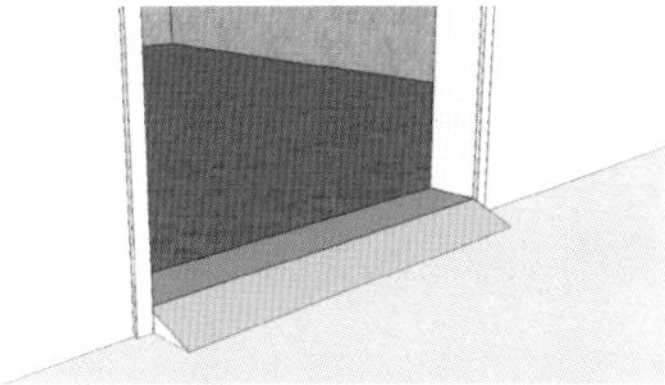

上：以截水溝取代衛浴門檻，地面變平整，輪椅可順利進出，幼兒和年長者也不易被絆倒。

下：如果不易去除門檻，建議在它的兩側倒圓角或加上平緩的斜角，將門檻順平。

二、合理的淨寬

我從小就容易撞到門框（尤其是廁所門），以致肩頭和手肘經常出現大小瘀青。接觸了風水學才知道，原來每扇門都有各自的吉祥數字，而且廁所門的尺寸必須小於其他房門，也因此，一般房門寬九十公分，廁所門只有七十五到八十公分。這是含門框的尺寸，若扣掉門框和門扇的厚度，房門的淨寬通常只有八十公分，衛浴更只剩下六十五到七十公分。這麼窄，也難怪我會經常撞傷。

爲了方便輪椅使用者和照顧者進出，通用設計要求每扇門的淨寬都必須大於七十五公分。如果你買的是預售屋，不妨在客變階段請建商替門留個理想尺寸的開口，省得日後想改尺寸還要找人拆除、清運。但我想提醒的是，房屋興建時，門框和門片都是大量進料，一旦更改尺寸，建商多半會要求你把整樘門退掉，等交屋後再自行訂做，所以抓預算時請將這部分的費用考量進去。

至於室內通道，一般輪椅寬六十二到六十八公分，因此最適當的寬度是九十公分以上，也就是輪椅使用者和照顧者可順利通行的寬度。另外，輔具業者多半會建議在通道兩側加裝扶手，但有時長輩看了心裡不舒服，覺得自己似乎失能到連路都不會走。萬一遇到這種情況，建議以收納矮櫃或層板取代扶手，長輩可以扶著走，卻不至於產生負面聯想。不過要注意的是，扣除櫃體和層板後的淨寬還是要有九十公分喔！

沒有也不賴的設計

知道了我們「需要」什麼，還得知道我們「不要」什麼。我在整理和裝修現場看過許多災難性的設計，我自己在換屋過程中也經歷過不少血淚教訓。如果早知下場堪憂，我想多數屋主都不會輕易嘗試。因此，我將這些災難性的設計分成以下兩類，希望能讓你趨吉避凶，不再重蹈覆轍。

一、較難清理的設計

接下來提及的設計沒有不好，用得巧妙反而非常加分，只是清潔時你可能會罵聲連連。如果你愛做家事，或是有預算找清潔幫手，其實不見得非要避開不可。

線板

線板是一種裝飾性的板材，常用於美式或新古典風格的空間中，例如天花板、門斗、壁爐邊框、櫃體門片、牆面框線和踢腳板等處，材質以木質、石膏和目前最常用的塑膠PU爲主。比較簡約的是直線造型，較爲精緻的則有歐式花草浮雕。花樣越立體、越繁複的價格越高，但由於灰塵和塵蟎可附著的表面較多，因此也較難清理。

門片、牆面框線和踢腳板可用魔撢之類的工具清潔，天花板和吊燈四周的裝飾線板則不太容易觸及，即便使用長柄魔撢，稍一不慎，仍有可能刮花天花板的漆面。若不想增加家事勞務，不妨少用線板，但有時爲了讓空間風格到位，該用線板時還是得用。當然，有家事幫手的人就不必考慮那麼多了，反正又不是你在累。

間接照明/流明天花板

相較於凹凹凸凸的立體天花板，我個人偏愛樣式簡約的平釘天花板。前者的四周多採「間接照明」，雖然燈光美、氣氛佳，暗藏燈管的凹槽處卻容易積累灰塵和蟲屍，想清潔時又很難搆得著。想到必須長期與過敏原共處一室，我的鼻子就癢了起來。

我在舊屋翻新的案場進行拆除時，偶爾會發現燈槽內藏了奇妙的東西，有木屑、蜘蛛網、金龜子、乒乓球、舊燈管、菸盒、燈管包裝盒、五金零件、廢棄電線，還有

上：線板是營造風格的好幫手，但越繁複的花樣越容易積累灰塵，在清潔上需要多費一些心思。

下：間接照明的燈槽處常積累灰塵和蟲屍，容易過敏者請勤於清潔，或乾脆避免這種設計。

機器人之類的小玩具，顯然不只是藏汙納垢而已。貓友也曾提及，她的貓會從高櫃上方跳進燈槽內躲藏，她很擔心貓在裡面吐毛，她卻清不到。

木作流明天花板是另一種難清潔的設計。雖然相較於間接照明，它的封閉式設計能少招一些灰塵，但其實灰塵無孔不入，蟲子也是。如果玻璃與木作的密合度不夠，時間久了，流明天花板會像標本箱一樣，展示很多蟲屍給你看。一般屋主鮮少清潔流明天花板，極有可能在居住期間都不會動它。如果你懶得清潔、不會清潔，又不想找專業人員代勞，那請務必確保施作時的密合度夠強，否則還是打消此念吧！

隧道式貓天橋

貓奴們對主子的愛有如滔滔江水，在家裡擺幾個貓跳臺只是基本款而已。貓喜歡從高處俯視，因此不少飼主會設計「貓天橋」供貓咪巡房使用。貓天橋是高度貼近天花板的一長條或一整圈層板，搆不著又清不到的情況有點類似間接照明的燈槽。你若考慮安裝天橋步道，請留意：它的高度好不好清潔？貓咪往下吐時，會不會剛好吐在你的頭上？

而最難清潔的，莫過於固定式的貓隧道了。現在工業風大行其道，有些人會用金屬風管做成隧道式的貓天橋，而且只在側邊挖幾個孔，讓貓可以探頭往下看，殊不知裡面堆積的貓毛、掉落的指甲和嘔吐物根本難以清出——這點還望各位想安裝的奴才三思。

文化石牆

想走文青風或工業風的人，大多想在家裡搞一面磚牆。預算有限的人可能會貼有立體浮凸紋路的磚牆壁紙，預算多一點的可能會貼一面文化石磚牆，而預算更高的人，則可能在毛胚屋階段就砌上一道未粉光的眞正磚牆。

十幾年前白磚牆還未氾濫成「標備」時，我在第一間自宅就做過，當時師傅是用鑽子以手工打除局部實磚，創造出十分粗獷的紋理。好看歸好看，它積灰塵的效率可是相當驚人，而且由於表面粗糙，我經過時還曾經不小心勾壞了毛衣。我心想，何苦讓自己在家走路也要小心翼翼呢？因此後來便不再採用這種壁面。如果你想貼板岩面的文化石牆，日後恐怕也會有類似的困擾。

1：貓喜歡從高處俯視。若考慮為愛貓安裝天橋步道，請留意它的高度好不好清潔，而且盡量別裝在沙發或書桌上方。

2：植栽左側是局部打除真正磚牆所製造的粗獷紋理，雖有個性，但也容易積累灰塵。

3：用壁紙貼出來的磚牆，壁紙有立體浮凸紋路。相較於實際砌出一道牆，可節省不少工資和所需時間。

4：用紅磚砌出來的磚牆。這是磚縫未完全抹平便直接刷上白漆的效果。

相較之下，文化石磚牆的表面較為工整，不至於傷及衣物，但因為磚縫不少（把磚縫填平就不好看了），清潔起來也頗為費事。如果文化石的品質不佳，還很容易掉粉，可千萬別貪小便宜喔。

防濺板壁磚

廚房流理臺後方與之垂直相接的壁面稱為「防濺板」（backsplash），在歐美的裝修節目中，那兒都是貼上各種美麗的磁磚。我原以為自己不會大火快炒，磁磚縫不至於卡上油垢，因此第一間自宅的防濺板貼的是灰階馬賽克。怎料我連盛個咖哩也會濺出醬汁，而白色磁磚縫一旦染黃，若不馬上清理，便很難恢復原狀，搞得我煮個飯也煮到神經緊繃。現在流行在那兒貼花磚或地鐵磚，美則美矣，但後續的清潔還眞令我為之卻步。

後來，我的每一間自宅都用優白／超白烤漆玻璃，即便建商配了磁磚，我在客變階段也會直接退掉。這兩者和一般白色烤玻的差別在於，前者可以做到純白，後者則會帶點綠色。

左：我在第一間自宅的廚房裡貼了馬賽克，白色的磁磚縫很難維護。當時尚未接觸到清除雜物的概念，因此流理臺堆放了不少老媽過世後留下的鍋碗瓢盆。

右：這是第五間自宅的廚房，平時檯面上只有一個轉角盆栽。防濺板位置貼的是優白烤漆玻璃，看上去清爽，清潔起來也相當省事。

如果你追求純白色的極簡廚房，卻貼了一塊綠綠的玻璃，那還真是煞風景呢！

順道一提，跟我一樣懶得清潔磁磚縫的人，也可以考慮不鏽鋼、琺瑯板或陶板等材質。

床頭板繃布／繃皮

某次我去一間預備翻新的老屋丈量，在主臥的床頭板上赫然發現一顆完整的頭形，想必過去十幾年來，那個布面床頭板吸收了不少日月精華——不，是男主人頭髮上的油脂，以致我光是遠觀都覺得有些味道。這種固定式的設計看似氣派，卻沒有考量到日後的清潔，加上布織品容易附著大量塵蟎，因此不太建議有過敏症狀的人採用。

如果非做這種設計不可，繃皮會比繃布

繃了布的床頭板或臥室主牆往往難以清潔。如果真要採用這種設計，用魔鬼沾做成可拆卸的繃布板或繃布套會比較容易維護。

來得容易擦拭，或者也可以用魔鬼沾做成可拆卸的綳布板或綳布套，至少還能拆下來洗。不過如果考慮採減法設計，我覺得這些裝飾性的東西大可捨棄不用。

浴室板岩磚

我在第四間自宅的衛浴貼過止滑效果一流的板岩磚，深灰色的浮凸紋理配上杉木天花板，感覺很像氣氛沉穩的日式湯屋，偏偏肥皂水和沐浴乳會在板岩磚上形成難以去除的白色皂垢，看看網路上的相關搜尋和大量求救文，就知道這不是運氣問題，而是每個貼板岩磚的人都會遭遇的功課。如果不想花時間研究清潔劑，也不想忍受清潔時的刺鼻味道，這種材質還是別考慮了吧！

另外，有些人想在家中打造湯屋，企圖以泥作方式砌出一座大浴缸，表面再貼上石材、馬賽克或板岩磚。我必須說，這實在有些自討苦吃。首先，這些表面材質不太保溫，水容易變冷；其次，那些磁磚縫清潔起來相當費事；第三，防水的部分也必須特別留意。最重要的是，你平日眞有時間泡澡嗎？如果一年泡不到幾次，是不是直接去溫泉湯屋還比較划算？如果你想安裝管線很難清潔的按摩浴缸，不妨也問問自己同樣的問題。

水泥粉光地板

追求工業風、loft風、混搭風、臺式鄉村風的屋主，可能會喜歡水泥地板。水泥地板的好處是看上去有個性、富手感、紋路獨一無二，還能在上頭隨性地鑲嵌東西；缺

上：肥皂水和沐浴乳會在深灰色的板岩磚上形成難以去除的白色皂垢，鋪貼前請先考慮清楚。

下：水泥地板看上去有個性、富手感、紋路獨一無二，但是硬度低、不耐磨、會裂、會起砂，最後會裂成什麼樣子也很難預料。

點則是硬度低、不耐磨、會裂、會起砂，最後會裂成什麼樣子很難預料，而且光腳踩在地上就會覺得有一層灰，久了還會有點黃黃黑黑的，在略顯粗獷的同時又帶了點髒感。如果不想老是吸塵、抹地，還是別給自己找麻煩了吧！

不少人以為水泥地板可以省下貼地磚的材料費和施工費，但想解決會裂、會起砂等缺點，費用可能比鋪石英磚還高出一、兩倍。如果想節省預算，又不想一直除塵，選擇不拋光的灰色石英磚還比較恰當。

另外，冬天時水泥地板踩起來會冰冰的，導致有些人又花錢在上頭鋪了超耐磨地板，花的錢反而更多，要鋪水泥地板的人還請多方考量囉！

二、低CP值的設計

這種設計，通常是出自「現在很流行」「別人有，我也要有」「飯店有，我家也要有」的心態，實際上不見得真的需要，因此雖然花了大錢，最後卻可能成為昂貴的裝飾品。如果你住的不是豪宅，如何在有限的空間中做出取捨，考驗的恐怕是你對自己的了解程度了。

吧檯

不少人幻想下班後能在自家吧檯小酌一杯，可是就我的觀察，眞正會在吧檯上喝酒的人很少，而且吧檯最後多半淪爲雜物的集散地——你以爲上頭只會有紅酒瓶和亮晶晶的高腳杯，但眞實的場景往往是面紙盒、水果、零食、飲料、藥罐、鑰匙、帳單、發票、點數貼紙和各種塑膠袋的大亂鬥。如果你缺乏整理收納的能力，那麼吧檯

如果你缺乏收納能力，吧檯不過是另一個讓你堆積雜物的檯面罷了。

不過是另一個讓你堆積雜物的檯面罷了。

廚房中島

廚房中島和吧檯的概念有點類似。對熱愛烹調的人而言，它是流理臺的延伸，也是好用的收納幫手；但如果你很少做菜又不擅整理，配備中島只是爲了趕流行，那我奉勸你還是把錢省下來吧。

順道一提，中島上方的置物吊架也不是必需品。如果你想陳列的鍋碗瓢盆和杯子不像日本雜貨一樣好看，又是個養什麼死什麼的植物殺手，這個吊架最後很可能會是個悲劇性的存在。

轉角小怪物

「轉角小怪物」是一種連動拉籃五金，通常出現在L形廚房的下櫃轉角處。我以前便耳聞它不太好用，但直到第五間自宅的建商附了這款五金，我才終於有了第一手的使用經驗。

我的心得是，這種產品讓人感覺很厲害，實際上的儲物量卻不多，加上不太方便拿取，因此我只會放些少用的鍋子；可是等少用的鍋子也被我清掉之後，不好用的收納空間自然也派不上用場。如果它是我主動花錢安裝的，肯定會很嘔吧！

上：如果你很少做菜又不擅整理，配備中島只是為了趕流行，那還是把錢省下來吧！因為它往往會變成昂貴的雜物集散地。

下：轉角小怪物實際上的儲物量不多，也不太方便拿取。

隱形家具

住小房子的人，不太能抗拒貌似能放大空間的機關，尤其是那種很像變形金剛的多功能家具，例如可以折疊成一幅掛牆畫作的餐桌、可以變成三人座沙發的隱藏式雙人床，彷彿有了神器加持，十坪斗室也能有二十坪的效益……

醒醒吧！我看過的折疊床和折疊桌，只要一拉下來就很難恢復原狀了。大家工作又忙又累，誰有那個閒工夫每天把它們收來收去呢？如果上面堆了雜物，要收起來的難度就更高了。還有，這些家具的五金多半很貴，所以請確認自己眞的會用到，而且不會在上頭堆東西，才做此設計喔。

窗邊臥榻

臥榻和吧檯源自同一類的幻想，後者多半是男主人主動要求，前者則來自女主人的夢想清單。常見的窗邊臥榻高約四十至四十五公分，座位區可上掀，下方爲收納空間。可以預見的是，當你放了小几、茶具、蒲團和坐墊時，不太可能取用下方收納的

上：住小宅的人多半會受壁床（Murphy Bed）吸引。老實說，它裝在客房很合適，但如果是自己要睡的床，請評估你會不會想要每天都把它收起來。

中：窗邊臥榻在樣品屋中還滿常見的，但普遍而言使用率低，最後通常淪為堆放衣物的平臺。

下：不過對養貓人家而言，窗邊臥榻倒是一個能讓貓咪晒晒太陽、看看風景的好設計。

東西。更何況，我見過的窗邊臥榻幾乎都堆滿髒衣服和待摺衣物。除了豪宅主人，我從沒見過有誰眞的坐在上頭看風景、讀閒書的。不過如果你養貓的話，它倒是一個會讓貓感激你的好設計，因爲躺在上面晒太陽、看看鳥、打個盹兒，實在是太舒服啦！

收納地板

把地板架高、下方做成上掀收納格的設計，幾乎都出現在和室、主臥和做了大通鋪的客房兼多功能房內。和窗邊臥榻一樣，一旦上面擺了茶几、和室椅、床墊、家電和雜七雜八的兒童玩具，你就很難把它掀開來拿取物品了。

我租住過的十六坪挑高小套房裡也有一大片收納地板，中央還設有一座電動升降茶几，不用時可以收到與地板齊平。這個設計看似充分利用空間，但由於收納處不在動線上，因此眞正使用到的時間並不多，最後反倒成了一個大而無當的木盒子。

吊櫃

回想曾經住過的N間房子，我發現吊櫃的使用率極低，理由是最上層要搬凳子才搆得著，塞在內側的東西也很難取出，所以淨是放些不常用的東西；而既然不常用，自然連打開櫃門的機會也很少。

在裝修第六間自宅時，我考量到日後轉手時可能會被嫌收納機能不足，因此原本打算在電視上方做個吊櫃。可是，明明用不著卻徒增花費和壓迫感，想想不免覺得多餘。直接留白讓日後的屋主自己決定加或不加，不也是個好選項嗎？

上：十六坪挑高租屋處的收納地板，中央設有電動升降茶几，桌下可儲物。但由於收納處不在動線上，因此並不好用。

下：吊櫃內的東西較難取出，所以多半放些不常用的雜物。市面上雖有讓人方便取用物品的升降吊櫃五金，但五金本身也會占掉櫃內的收納空間，而且這類五金比較適合用於廚房，其他空間不太合用。一般空間中的吊櫃使用率偏低，既然如此，乾脆把雜物清掉，連吊櫃也免了。

以上就是我多年來的一些心得。下一章，我將繼續剖析你腦中的想法究竟會花掉你多少錢。有了基本概念，無論是跟室內設計師、統包或工班溝通，都會比較順暢一些。

第三章

裝修到底要花多少錢？

經過前一章的洗禮，相信你已經思考過自己需要什麼、不要什麼了，跟金援的長輩或同住的配偶、家人可能也爭論過幾個回合，彼此對房子的功能規畫都有某種程度的共識。我猜，你現在一定很想開始蒐集美美的室內圖片，然後幻想自己住在裡面了吧？不急不急，如果預算不足，你蒐集半天也是白搭。

我在網路論壇或臉書社團上，時不時會看到裝修素人想以不可思議的低預算，請裝修業者執行出他們心目中的夢幻藍圖，導致裝修業者覺得自己的專業受到輕視，諷刺 po 文者的那點錢只夠拿來付設計費；而 po 文者也覺得自己很無辜，認為：「我就是不懂才會上來發問啊！為什麼要嘲笑我？」於是討論串最終變成了互相攻擊的戰場。

雙方的想法我都理解，但既然我們在進陌生餐廳前會試圖了解一下價位，何以在裝修前不先針對可能的花費做點功課呢？因此，接下來我會分享關於裝修工程及其所需費用的基本概念，讓你在尋找參考用圖時，不至於離現實太遠。

以下我們就先來了解各種用語的定義吧！

裝修和裝潢的差別

一般人經常將「裝修」和「裝潢」混爲一談，其實兩者在法律上的定義並不相同。根據《建築物室內裝修管理辦法》（以下簡稱《室裝法》）第三條所述：

本辦法所稱室內裝修，指除壁紙、壁布、窗簾、家具、活動隔屏、地氈等之黏貼及擺設外之下列行爲：

一、固著於建築物構造體之天花板裝修。

二、內部牆面裝修。

三、高度超過地板面以上一．二公尺固定之隔屏或兼作櫥櫃使用之隔屏裝修。

四、分間牆變更。

用白話文講就是：釘天花板、在室內牆面上施工、在地板上固定高度超過一百二十公分的隔屏或兼作櫥櫃的隔屏、拆除或新砌室內的隔間牆，統統叫作「裝修」；而黏貼壁紙或壁布、裝窗簾、擺設家具和活動隔屏、鋪貼地毯等行爲，則稱作「裝潢」；如果只是單純掛幅畫、擺件藝術品、放幾盆植栽來裝點室內空間，那個叫作「裝飾」。

裝修涉及空間的規畫與改造，做得不好會有安全疑慮，甚至可能鬧出人命；裝潢則是安裝、擺設、改變表面飾材的簡易工程，做得不好頂多就是醜了點而已。也因此，前者必須由通過國家考試的專業技術人員執行業務，後者則無需任何證照，人人皆可從事。如果要比喻的話，裝飾有如換套衣服、戴個配件，裝潢比較像是化妝、換個髮型，裝修則是必須注射或動刀的整型手術。

	工程範圍	誰可以做
裝修	固著於建築物構造體之天花板、內部牆面或高度超過一・二公尺固定於地板之隔屏之裝修施工、分間牆之變更	室內裝修專業施工技術人員
裝潢	壁紙、壁布、窗簾、家具、活動隔屏、地氈等之黏貼及擺設	人人皆可從事

與室內裝修相關的專業資格有兩種，一種是「建築物室內設計乙級技術士」，另一種是「建築物室內裝修工程管理乙級技術士」。要取得這兩張證照，得先分別通過學科和術科共四次國家考試，再接受二十一小時的講習訓練，並取得結業證書，才能向內政部營建署申請「建築物室內裝修專業技術人員登記證」。只通過考試但沒有參加講習的話，拿不到這張專業技術人員登記證。

登記證上會載明所取得的資格，一種是專業「設計」技術人員資格，另一種是專業「施工」技術人員資格。具有前項資格或建築師資格，才能合法從事室內設計工作；而想要合法承包室內裝修工程，則必須具備後項資格，或是有建築師、土木工程技師、結構工程技師等資格。如果一位室內設計師單純只做空間規畫和繪圖等工作，他只需要前者；但如果他連工程也想一併承包，那就必須兩者兼備。

另外，如果是設計公司的話，旗下至少須有一人具有「室內裝修專業設計技術人員登記證」，才能向內政部申請成爲室內裝修業，而且只能從事設計業務；如果是工程公司的話，旗下至少須有一人具有「室內裝修專業施工技術人員登記證」，才能向內政部申請成爲室內裝修業，而且只能從事裝修工程業務。內政部登記在案的室內裝修業者，公司名稱會有「室內裝修」四個字，但就現實面而言，許多經驗豐富、規模頗大的公司即便具有上述的技術人員登記證，也不見得會向內政部登記，因此公司名稱中是否有「室內裝修」這四個字，倒不是尋找裝修業者時應考量的重點，過去的作品實績才是關鍵。

只不過，臺灣民眾對這個領域並不熟悉。坊間一堆木工師傅、油漆師傅、水電師傅，甚至是賣廚具、賣系統家具的，都說自己在做「室內設計」「室內裝潢/璜」或「室內裝修」，還可以提供免費設計和免費丈量，可是攸關建築結構或防火建材的業界常識，他們卻很可能一無所悉。這些專業知識與你的生命安全有極大的關係，實在不宜輕忽。

室內裝修從業者		
業務範圍	室內裝修設計	室內裝修工程
個人	·依法登記開業之建築師 ·室內裝修專業設計技術人員	·依法登記開業之營造業 ·室內裝修專業施工技術人員
公司	·建築師事務所 ·依法登記之室內裝修設計公司	·建築師事務所 ·依法登記之室內裝修工程公司

裝修相關費用盤點

好，我知道前面的文字你可能看到快睡著，可是你得醒醒，因爲我要開始談錢了。

身爲室內設計師，最傷腦筋的莫過於屋主心裡想的是豪宅，口袋裡的預算卻只夠蓋間茅屋。好比我不時會收到像這樣的電子郵件：

Phyllis妳好！

最近我要裝修一間中古屋，屋齡十三年，室內二十五坪，三房兩廳，想走北歐風，然後把其中一個房間改成透明隔間書房，而且全室都要鋪木地板。廚房的收納不夠，我打算加個中島；浴室的磁磚我也不喜歡，希望可以全部換掉。請問這樣的案子妳有興趣接嗎？

X

可以改造房子我當然有興趣，不過信裡完全沒有提及預算，而經過一番郵件往來和電話溝通，最後很可能發現屋主的預算只有三十萬！

三十萬說大不大，說小不小，可是拿來「裝修」眞的不夠用，最多只能做點「裝潢」，畢竟安裝四臺分離式冷氣機就已經用掉半數預算了。剩下的一半能幹麼呢？超耐磨木地板先扣掉七、八萬，裝個窗簾、換個燈具，把牆面粉刷成屋主想要的顏色，頂多再添些IKEA家具，錢就差不多花完了，而且我的設計費還沒有著落呢！

那麼，X在信裡提出的初略要求，究竟得花哪些費用呢？如果希望一切都能合乎規定，以下是大致推估出來的項目。

想要裝修，這些花費跑不掉

一、設計費

找了室內設計師，自然得付設計費，因爲溝通、丈量、繪圖、修修改改、跑工地都要花上時間和腦力成本。坊間號稱免設計費、免丈量費的業者，不是缺乏專業素養、不尊重自己的專業，就是把設計費灌在裝修費裡，你以爲得了便宜，其實並沒有省到。

先說丈量好了，我和助手一起出動，不到三十坪的中古屋也得花上二至三小時。丈量不是只量地板面積而已，立面高度、梁柱位置、門窗尺寸，以及管道間、出線口、開關、插座、消防灑水頭、冷氣排水孔、落水頭、配電箱、弱電箱、大樓水源總開關等的位置，都要一一測量、拍照和記錄。除此之外，材料和機具進出的動線寬度、大門和電梯車廂內的尺寸也必須仔細測量，免費丈量不可能做到這種程度。

設計費大多以實際坪數計算，而非權狀坪數，有時還會扣掉不動工的部分，例如陽臺或建商已經裝修完成的衛浴，就不會計入設計坪數。每一坪的設計費用從三千元到上萬元不等，依公司規模、設計師名氣大小、設計密度、出圖張數不同而有所差異。就前述例子而言，室內空間二十五坪，設計費最低也得花上七萬五千元。

不是收費昂貴服務品質就一定很好，但免費或低價倒是很難不出問題。很多工頭或統包廠商在接案時號稱免設計費，卻往往只給屋主一張平面配置圖，和一、兩張聊勝於無的立面圖，其他都是口頭跟工班交代一下而已。沒有合約和圖面作爲依據，萬一做出不符期待的東西，在口說無憑的情況下，消費者也只能含淚付錢。

我建議的做法是設計合約和工程合約分開來簽，在這兩個階段，雙方再分別按執行進度約定付款方式。設計合約一般會載明：案名、地址、委託內容（坪數、各空間的名稱）、設計項目（提供的圖面名稱）、變更設計（可修改的次數，以及遭要求大幅修改時須額外收取的費用）、付款流程、付款方式和著作權的歸屬等等。事前討論得越詳細，事後引發的爭議就越少。

二、室內裝修審查費

我相信除了雙北市民以外，很多人並不知道這筆費用是什麼。我在承接室內設計案時，也經常必須向屋主說明為什麼要送審，以及不送審的風險是什麼。坦白說，大家都不想付這筆錢，可是政府既有明文規定，屋主們就別逼室內設計師違法了吧！

那麼，哪些案子需要送審呢？我簡單解釋如下：

依《建築技術規則》規定，「具有共同基地及共同空間或設備，並有三個住宅單位以上之建築物」叫作「集合住宅」，而六層以上的集合住宅叫作「供公眾使用建築物」。依《建築法》第七十七條之二規定，「供公眾使用建築物之室內裝修應申請審查許可」，違者依第九十五條之一處「新臺幣六萬元以上三十萬元以下罰鍰，並限期改善或補辦，逾期仍未改善或補辦者得連續處罰，必要時強制拆除其室內裝修違規部分」。

也就是說，如果你住的大樓總樓層在六層以上，不管你家在幾樓，只要室內有裝修就必須送審；相對地，如果你家位在總樓層五層以下的公寓，或者你家是透天厝、整棟都歸你家所有，你卯起來裝修也不會影響他人，那就不必送審。

不過凡事總有例外。如果你想把舊公寓改裝成出租套房，那麼房間和衛浴數量一定會變多，而變更隔間牆，或為了增加衛浴數量而以水泥墊高地板，都可能因承重問題而危及建築結構，因此內政部在九十六年時公布，即便你家位在五層樓以下的舊公寓，只要：一，增設廁所或浴室；二，增設兩間以上之居室造成分間牆之變更，就必須送審，除非整棟公寓都在你的名下。此外，你還必須取得直下層屋主的同意書，否則不會核准。

現在我們假設X的房子位在電梯大樓的七樓，那肯定得送審了，對嗎？不對，是有裝修行爲才需要。前面提過，「室內裝修」指的是釘天花板、在室內牆面上施工、在地板上固定高度超過一．二公尺的隔屏或兼作櫥櫃的隔屏、拆除或新砌室內的隔間牆。X希望「把其中一個房間改成透明隔間書房」，那勢必得拆除某一道牆，因此想合法裝修的話，就必須送審。

送審要花多少錢呢？一般住宅的話，簡易室裝審查的行情是六萬左右，這還不包括萬一需要更動消防管線的簽證費用。是的，我知道六萬元可以買一套很不錯的沙發了，不過這筆錢是付給處理送件的建築師事務所或有資格代辦案件的室內裝修公司，以及受理案件審查的建築師公會，而不是室內設計師。如果你眞心不想付這筆錢，可以賭賭看鄰居會不會因爲不堪噪音打擾而打1999檢舉你；或者，你也可以選擇「裝潢」就好。

如前所述，黏貼壁紙或壁布、裝窗簾、擺設家具和活動隔屏、鋪貼地毯是「裝潢」行爲，而粉刷、更換鋁門窗、鋪木地板、安裝拉門、沿牆面釘一整排櫃子等等也屬於裝潢範疇，不想賭運氣又想省下送審費用的話，不妨考慮看看。不過我想提醒的是，如果你渴望打造最適合自己的動線和格局，這筆錢恐怕是省不了的。

三、裝修保證金和清潔費

裝修開工前還有一筆費用要付，而且也不是付給室內設計師的，那就是裝修保證金和清潔費。長年住公寓和透天厝的人，不太能理解何以需要這筆費用。一般有收管理費的集合住宅，住戶在進場裝修前都必須繳交一筆保證金給社區管理中心，以確保施工期間不會損及公共設施或發生違規事項。這筆錢大多在兩萬到十萬之間，但豪宅和商業空間有可能高達數十萬之譜。不過別擔心，沒出差錯的話，這筆錢會全額無息退回。

清潔費的給付對象也是管理中心，這裡的清潔指的是社區電梯、梯廳和走道的清潔。有些社區是從開工到退場按日計算，時間持續五十天就收五十天的費用；有些是按工作日計算，工班有進場施作的日子才收清潔費；有些是按月計算，施工兩個月未滿三個月，收取三個月的費用；有些是開工後在兩個月內完工是一筆費用，超過兩個月又是另一筆較高的費用，目的是希望住戶盡早完工，不要因爲裝修而長期擾鄰。

大部分的屋主都認爲，這筆錢當然是裝修業者要出，因爲各種損壞和髒汙不就是施工單位造成的嗎？其實這一點有法律解釋可循。《公寓大廈管理條例》第六條第一項規定：「住戶應遵守下列事項：一、於維護、修繕專有部分、約定專用部分或行使其權利時，不得妨害其他住戶之安寧、安全及衛生。」第二十三條又規定：「有關公寓大廈、基地或附屬設施之管理使用及其他住戶間相互關係，除法令另有規定外，得以規約定之。」由此可知，基於住戶不得妨害其他住戶之安寧、安全及衛生，「住戶規約」才會衍生出裝修期間應繳納保證金和清潔費的做法。

住戶規約規範的是管委會與住戶之間的權利和義務，裝修業者和管委會並不存在契約關係，因此除非屋主和裝修業者在契約中特別約定，否則裝修保證金和清潔費應該由住戶直接付給管理中心才對。但實務上，很多裝修業者爲了承攬案件，只好摸摸鼻子開張支票給管理中心。有些管理中心只是形式上收下這張支票，等工班退場後，確認沒有損及公設便將支票退回；但有些管理中心爲了賺取利息，會將支票兌現，這時裝修業者還沒賺到錢反而先倒貼一筆，金額過大的話，還會影響公司的現金流。

比較合理的做法是，裝修保證金和清潔費由屋主自行繳交給管理中心，但施工過程中產生的毀損和罰款由裝修業者負擔；如果工期超過原本約定的時限，那麼多出來的清潔費用也應由裝修業者負擔。

四、監工／工程管理費

如果找室內設計公司設計兼施工，依作業模式不同，有些會在設計費外另收一筆監工費或工程管理費，有些則會將監工費內含在工程款內。

監工費通常是總工程款的百分之五到百分之十不等，常見的數字是百分之七，例如一百萬的工程，要付七萬元的監工費。有些屋主會質疑，你包了我的工程，負責品管不是天經地義的事嗎？爲什麼我還要付你監工費呢？其實列出監工費的用意，是讓屋主了解自己究竟付費買了哪些無形的服務，一般統包是不會將監工費列出的。所以，你是希望列出來，還是不列出來呢？

如果屋主打算買了設計圖後自行發包，當然也可以付費請室內設計師監工，但一般室內設計師並不喜歡接這種案子，一來是屋主找的工班，施作品質未必能達到設計師預期的標準；二來是室內設計師無法百分之百控管施工品質，屋主卻指望室內設計師能對裝修成果負起責任，這顯然不太合理，萬一因爲工班不優，導致施工品質不佳而被屋主追究，那接了這種案子豈不是自討苦吃嗎？

所以，如果你打算自行發包，不如就自己監工吧！只是，你有沒有時間勤跑工地，到了工地能不能看懂現場狀況，能不能掌握工序和進度，熟不熟悉各項材料與工種的介面銜接，有沒有能力確認工班是否按圖施作，或是工班提問時有沒有辦法當下做出決策，都會影響到你自行發包的可行性。也就是說，你必須清楚了解自己有沒有能力擔任室內設計師的角色，才能決定自己有沒有條件省下這筆費用。

五、假設/保護工程費用

假設工程是爲了施工需求而臨時設置、完工後便會立即拆除的暫時性設施。保護工程是假設工程的一種，目的是保護社區公有資產不因某戶的裝修工程而受損，因此凡是建材和機具會經過的動線，例如卸貨區和電梯入口處的地坪、電梯內部、電梯到住家的走道和牆面等等，都必須做好保護；而室內的地坪、門片、把手、開關面板、廚具、衛浴設備等若打算繼續沿用，也都必須嚴密包覆。

社區大樓都會要求裝修戶做好保護工程，但各個社區的要求不同。有些社區屋齡老舊，只求有做就好；有些社區要求要有三層保護，走道兩側的牆面保護板還必須觸及天花板，因此保護費用自然不盡相同。部分屋主認爲，反正保護板最後都會拆掉，乾脆自己買些PP板和寬版膠帶黏一黏算了，結果不僅保護工程做不到位，還貼到腰痠背痛膝蓋疼，吃藥加推拿的費用遠大於省下來的錢，這是何苦呢？

傳統上，理想的保護工程是底層墊防潮布防水，中層貼PP板避震，上層用兩分夾板抗刮，也就是說，不同的材料要重複貼個三次，再撕個三次，而這樣的費用一坪

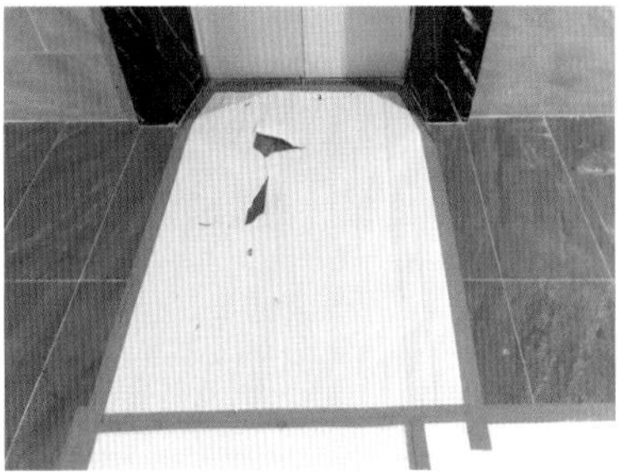

隨便貼一層PP板了事的保護工程，通常撐不到工期的一半就已破損。

大約是四、五百元。如果屋主直接找統包廠商承包，或請工班師傅「順便」做一下保護工程，多數的做法都是貼一層ＰＰ板了事，頂多再加一層薄夾板而已，因此保護層通常撐不到工期的一半就已破損。此時若有維士比或檳榔汁等有色液體滲入，地板便會染上難以清除的汙漬。

如果你打算ＤＩＹ，又不想貼得那麼累，不妨使用防水、避震、抗刮、可回收的藍波板（Ram Board）當保護層。不過成本肯定會拉高，算起來也是省不了多少錢啦！

六、拆除清運費用

想更動格局，有些牆面就必須拆除。但牆面不是想拆就能拆，在合法的情況下，有關建築結構、消防管線和防火區劃的變更都必須送審。

拆除費用要計算的也不只是拆除的工資而已，還包括合法清運的支出。委託室內裝修業者施工所產生的廢棄物屬於「事業廢棄物」，這類廢棄物不能當成家庭垃圾交給環保局處理，更不能隨意載運或傾倒，裝修業者必須請具有「廢棄物清除許可證」的清運業者處理才行，這自然又是一筆費用。

拆除天花板、地磚和磚牆一般是以「坪」計價，拆除櫃體或鋁窗是以「尺」計價，拆除衛浴或廚具是以「間」計價，清運廢棄物則是以「車」計價，而清運時是走樓梯或搭電梯也會影響收費。

磁磚的拆除分為「見底」和「去皮」，前者是把磁磚和水泥砂漿層全部去除，可直接看見紅磚或RC，好處是能判斷牆面是否受潮、內部管線有無生鏽，日後重新貼磚的附著力也比較高；後者則是只剝除磁磚本身。拆除的程度不同，費用也不一樣。

上：我將第四間自宅的既有裝修物全部拆光光，砍掉重練。

下：這是衛浴磁磚打到「去皮」尚未「見底」的樣子。

X在電子郵件中提及：「浴室的磁磚我也不喜歡，希望可以全部換掉。」光是這一句話就可能涉及卸除衛浴設備、拆除天花板、拆除磁磚、清運廢棄物、重做防水、重新貼磚、重新安裝衛浴設備和燈具等工程，幾乎等於整間重做，並不是只有換磁磚這件事情而已，因此費用會比屋主想像的要高出好幾倍。

在此要提醒的是，在拆除之前，老屋翻修的工程估價絕不會是最終版本。工班有可能在磁磚剝除後才發現樓上漏水，有可能在壁紙撕除後才發現長了白蟻，有可能在浴室天花板拆除後才發現管道間沒有封閉，也有可能在表層地磚刨除後才發現下面還有兩層……以上狀況都會造成工程款的追加，所以改造老屋得多準備一筆應變的費用才行。

七、泥作工程費用

泥作工程包括砌磚、水泥打底整平、水泥粉光、地板墊高、門窗塡縫、防水、埋設衛浴門檻、貼磁磚/文化石/石材，或是施作磨石子、洗石子、抿石子、斬石子等表面質感。以上項目因爲材料等級和工法的細膩度，而存在明顯的價差。

磁磚的價格依產地、品牌、尺寸、表面觸感而有所不同，國貨和進口貨的差距可達十倍以上。磁磚一般以「坪」計價，尺寸較小的馬賽克以「才」計價，但玻璃磚和進口的花磚、復古磚或六角磚，也可以用「塊」或「片」來計價。X希望把浴室磁磚全部換掉，因此泥作師傅必須針對已拆除的浴室重抓洩水坡度，重新安裝門檻、止水板或截水溝，重新施作防水層，然後重新貼好壁磚和地磚，而這些全部都得花錢。

上：泥作師傅正在替露出磚面的門框「打底」。

中：泥作師傅正在鋪貼壁磚。下方的金屬物件是磁磚調整器，用來調整壁磚的水平位置。

下：泥作師傅正用磁磚切割機將壁磚裁切成適當的尺寸。

有些屋主爲了省錢，會購買號稱防水防滑的PVC貼紙來覆蓋原本的磁磚，不過這類貼紙的品質差異頗大。品質好的，一坪的材料費可能與實際貼磚不相上下，只是比較省時罷了。這個選項適合租屋族或布置玩家，想裝修自宅的人，我不太建議採用不耐久的材質。

順道一提，這幾年很流行的3D文化石磚牆壁貼，撕除後會留下很難清理的大量殘膠，使用者最好有必須努力善後的心理準備。

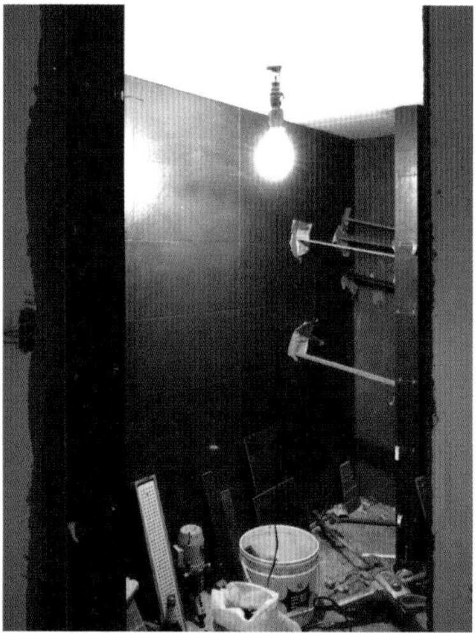

上：磁磚一般以「坪」計價，尺寸較小的馬賽克以「才」計價。

下：剛鋪貼完成的板岩壁磚，抹上了水泥原色的磁磚縫。

八、空調工程費用

一位買了四十四坪老公寓的屋主問我願不願意接他的翻修案，他想改成四房格局，前後陽臺重新整修，希望整體看起來清爽簡約，有冷氣有家具，能住人就好。問了預算，他說六十，又是一個令人傻眼的數字。四房加上客、餐廳，至少需要五臺冷氣，這樣就噴掉二十萬了；選用頂尖品牌的話，花費更高。

很多屋主不清楚空調設備的費用，也不明白銅管、風管、鐵架、排水管、修飾管槽、洗孔都要花錢，安裝費用可大可小，端視現場情況而定。X在信中提及這是「三房兩廳」的格局，按描述至少需要四臺冷氣，而這四臺大概得花個十六萬，因此在跟室內設計師溝通裝修預算時，請先思考這筆預算是否包含冷氣。

另外，室內設計師通常會建議選用進口大品牌的冷氣，主要是故障機率低，可省掉日後叫修的麻煩。我個人重視的除了品牌信譽，還包括外型，尤其是室內機必須外露的壁掛式冷氣。有些品牌的機殼偏米白，搭配純白的室內空間並不好看；有些則是加了一條黑灰色的橫槓或凹凸面，看上去反而更醜。如果你比我還龜毛，所有外殼都看不上眼，那麼只好選用吊隱式冷氣了，不過安裝和木作搭配的費用會再高一些喔！

九、水電工程費用

水電工程的費用多寡主要得看屋況。客變過的預售屋，裝修時不太需要花錢改水電，頂多只有燈具和設備的安裝費用而已；但新成屋可能會面臨開關、插座，以及電視、網路、電話等弱電出線孔的增設和移位，而一旦移位，就會需要打牆埋管。中古屋的水、電管線都必須換新，有些房子太過老舊，供電量不足以使用較耗電的家電用品，因此還必須更動總開關箱或申請提高供電量。依坪數不同，這些費用很可能高達十幾萬或數十萬不等。

X想「把其中一個房間改成透明隔間書房」，而且廚房的收納不夠，他「打算加個中島」。嗯……我們來看看這會衍生出多少水電工程費用。

首先，把磚牆隔間改成玻璃隔間，牆內原有的管線和牆面上的開關、插座勢必得移位；如果移位後需要與其他的開關合併，那麼兩切的開關有可能會變成三切或四切，這些都是顯而易見的支出。

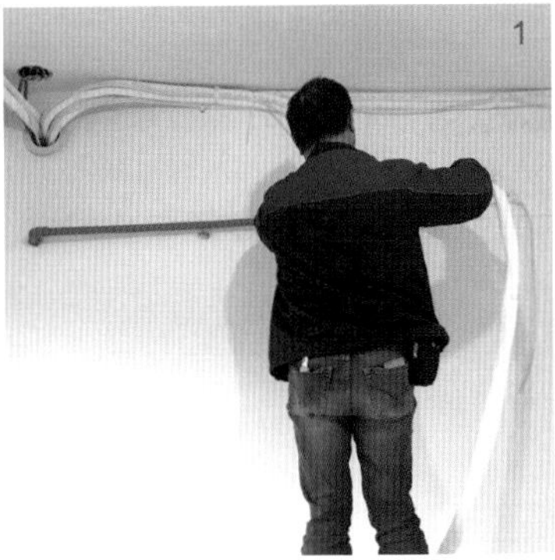

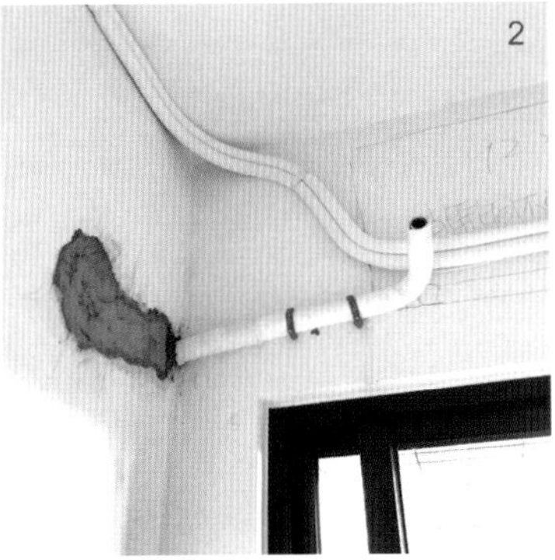

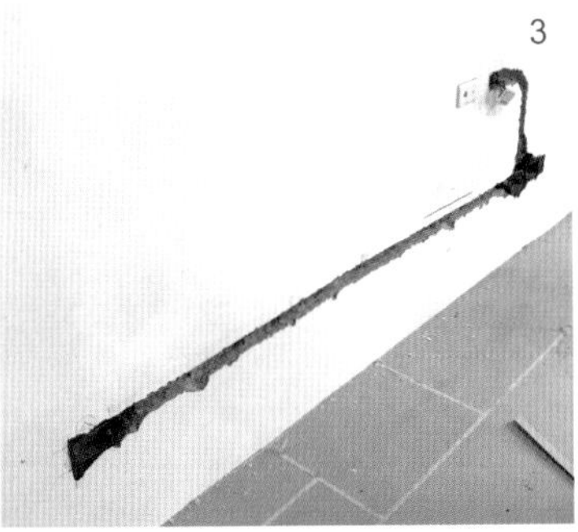

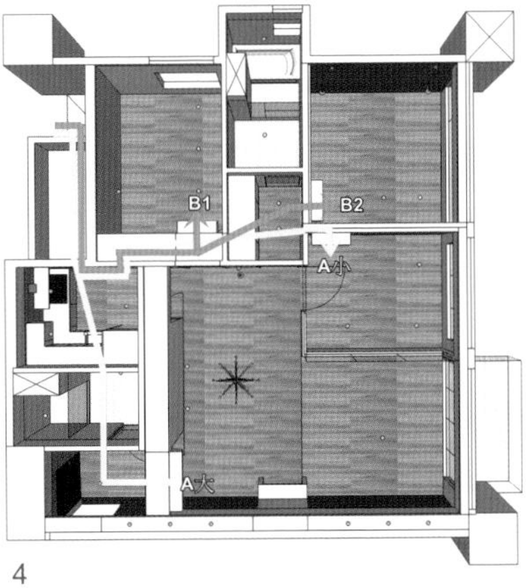

4

1：冷氣師傅剛配好冷媒管，正在替排水管加保溫層。保溫層可避免排水管產生冷凝水，造成包覆於外的木作因為滴水而損壞。

2：有時建商預留的冷氣排水孔和打算安裝室內機的位置不在同一面牆上，因此必須改管。

3：增設插座時為了美觀，水電師傅必須切牆埋管。

4：第五間自宅兩臺一對二分離式冷氣的配管示意圖。

中島的花費也不容小覷。櫃體、檯面和設備的價格姑且不論，要安裝每天使用的電器（例如ＩＨ爐、微波爐、洗碗機、烘碗機、烤箱、儲酒櫃、抽屜式冰箱），還附上水槽的話，挖地埋管、在上方安裝照明或抽油煙機的費用也是好幾筆開銷。如果想把瓦斯爐移個位置，裝在中島上，還得請瓦斯公司來勘查並移設管線，這又是另一筆可觀的費用。

十、木作工程費用

除非想走工業風，否則追求清爽簡約的居家空間，多半會透過木作天花板，將空調、照明、消防、音響或保全管線妥善地隱藏起來。外露的管線風水上稱作「蛇煞」，影響的主要是居住者的免疫系統，風水老師一般會建議在管線上掛個葫蘆化煞。不過，想到醜醜的冷媒管上還有一個附帶中國結的葫蘆，畫面簡直慘不忍睹，所以最好的解決之道，還是透過木作天花板或假梁來加以修飾。

木作工程的另一大宗是櫃體，其中鉸鍊、門把、拉軌等五金價差頗大。雖然越來越多人傾向以系統櫃取代木作櫃體，但某些特殊造型仍得仰賴木工師傅的巧手才行。

另外，木作隔間、門框、門片、壁板、地板、窗簾盒也屬於木作範圍，費用則與用料等級和施作的複雜度息息相關。

木作通常占裝修費用的三至四成，但我認爲只要把雜物清掉，並不需要花錢釘一堆櫃子。也就是說，在預算有限的情況下，我會選擇先做天、地、壁，而非櫃體，因爲天、地、壁的機能很少變動，物品數量和居住者需要的櫃體收納量卻是連動的。如果你有心步上零雜物之路，建議先別把櫃體做死，留點彈性會比較恰當唷！

上：剛釘完骨架和吊筋的主臥木作天花板，門框上方淨高較低處是衣帽間的位置。

下：已封完矽酸鈣板的客廳木作天花板，挖孔處會安裝LED投嵌燈。

十一、照明工程費用

照明大致分成基礎照明、裝飾照明和重點照明三種。基礎照明是空間中的主要光源，例如吸頂燈、吊燈、間接照明、筒燈、盒燈或軌道燈；裝飾照明指的是投射燈、壁燈、落地燈等用來創造氛圍的燈具；重點照明則是閱讀燈、化妝燈、流理臺燈這種為了特定需求而存在的高亮度燈具。無論照明的目的為何，目前都以節能的LED燈具為主流。

不當的燈光配置會使室內顯得昏暗、狹小、了無生氣，並連帶影響使用者的視力與安全。未改裝的老舊公寓幾乎都以傳統吸頂燈為主要光源，在沒有其他補充光源的情況下，角落相對較暗，無形中增加了長輩和兒童行走時的危險。我個人也很排斥四周一圈間接照明、中間嵌入一整排大口徑筒燈的做法，整個空間亮晃晃的，毫無氣氛可言，但這似乎已成為統包廠商的臺式裝修樣板了。

間接照明和嵌燈等固定式燈具得搭配木作天花板，壁燈必須打牆布線，各種活動燈具也需要有鄰近的插座配合；如果你喜歡乾淨俐落、管線不外露的空間，那麼吊燈和吸頂燈也會需要木作天花板的修飾。照明的開關位置也很重要，尤其是走道燈、樓梯燈和臥室燈，最好都能做成雙切設計，不然已經來到走道盡頭卻要走回起點關燈、上了樓還要下樓關燈，或是已經上了床卻要下床關燈，不是很令人惱火嗎？

十二、粉刷工程費用

木作天花板和隔間牆需要細膩的批土、填縫和塗刷，木作櫃體和門片也需要打磨、塗刷、染色或噴漆；即便是剛交屋的新房子，牆面仍可能出現裂紋、凹凸不平、刷痕、垂流等問題，如果希望牆面光滑平整，那可得批土、打磨、塗刷數次才能辦到。此外，塗刷具裝飾性的金屬漆、仿飾漆、馬來漆，甚至進行彩繪，或是塗刷訴求功能性的硅藻土、晴雨漆、黑板漆、防水塗料和隔熱塗料，也都是粉刷工程的一環。

漆料的價差頗大，特殊漆或健康無甲醛的漆，比一般塗料要貴上幾成或數倍；批土、打磨的次數和師傅的功力，亦攸關漆面的細緻度。兩光工班端出的成品可能跟你自己DIY的效果差不多，眞正厲害又在意口碑的師傅，收費則可能是別人的兩、三倍，你要他簡單做、算便宜一點，他還不肯，因爲他對「作品」自有一套最低標準。

1：油漆師傅正在打磨木作牆面，以便進行後續的噴漆。這個過程至少要反覆三次。

2：DIY改造紅樹林租屋處的米白色牆面。下方先用養生膠帶保護地板，牆面跳色處再以遮蔽膠帶分割色塊。要讓米白色的線條又直又漂亮，遮蔽膠帶必須貼得密實，漆完後還得用毛筆仔細修飾毛邊。

3：租屋處的改造完成圖。乳膠漆和塗刷工具來自特力屋，抱枕、地毯、人造植物和所有的家具皆來自IKEA。

說到這兒，不得不提一下網路上的「比價文化」。在各種討論區和臉書社團裡，常有屋主將裝修業者的估價單貼上網，要大家評斷價格是否公道，或因爲嫌貴而鼓動大家公審。坦白說，網友能提供的只是一般行情或固定的材料費，他們沒看過現場，對師傅的功力深淺和龜毛程度也不清楚，因此很難估算出正確的工資。就算工資合乎行情，我也遇過其實只有學徒水準的「師傅」，或因爲快退休而不太在意工資多寡的老將，所以光看數字沒什麼意義。與其問網友，不如要求參觀過去案場的施工品質來得有保障一些。

十三、地板工程費用

坊間常見的地板材質不脫磁磚、木地板、無縫地坪和塑膠地板這四類。

一般預售屋和新成屋的地板，大多鋪設米黃色或米白色的拋光石英磚，它的表面光滑，容易刮傷、吃色，磚縫也容易卡汙，因此如果喜歡既有的地磚，進場裝修前請務必做好保護，以免工班愛喝的有色飲料滲入；而入住後若有食物潑灑，最好也能立即擦拭乾淨。

我個人不是很愛這種必須小心呵護的材質，萬一哪天「膨拱」隆起，處理起來更是麻煩，所以買預售屋時如果來得及進行客變，我都會把拋光石英磚連同深棕色的踢腳板給退掉。

我偏愛木地板的質感和觸感，但實木地板一坪動輒上萬，又不太適合臺灣氣候，因此目前以鋪設超耐磨木地板為主流。如果買的是預售屋，我退掉地磚後會直接在粉光樓板上鋪超耐磨木地板；萬一來不及客變，只要大門下緣距離地磚的深度大於木地

上：第五間自宅在客變時已退掉拋光石英磚，並要求建商顧及水泥粉光面的平整度。這是地板師傅正在鋪設防潮墊，鋪完後就要「直鋪」超耐磨木地板了。

下：這是超耐磨木地板鋪設完成的樣子。一般而言，木地板的走向會與客廳電視櫃平行。

板的厚度，我也會在上頭直接鋪設超耐磨木地板。這類地板連工帶料，從每坪三千多元到八千元不等，而板料的尺寸和收邊方式也會影響到報價。

我很討厭塑膠踢腳板，也不喜歡超耐磨地板的牆緣收邊條，一來它們讓活動家具無法貼牆擺放，二來它們實在稱不上美觀。我喜歡的收邊方式是塞泡棉條再打地板色的矽利康，這樣看起來最簡單俐落。X希望「全室都要鋪木地板」，室內二十五坪扣掉衛浴（或廚房）的面積，最少也要花個七、八萬元。

若是大門下緣距離地磚的深度小於木地板的厚度，基於不想拆除地磚擾鄰或增加拆除和清運的費用，有時我會用薄薄的塑膠木紋地磚把原本的老舊地磚給蓋掉。租屋時期我常用這招，房東也很滿意，因爲視覺上的質感會提升許多。但如果蓋掉的是自宅的拋光石英磚，則不免引來某些質疑。有些人會問我：「你幹麼用一坪一千多元的塑膠地磚蓋掉一坪三、四千元的拋光石英磚，腦袋不正常嗎？」可是對我來說，重點不是價格，而是我喜不喜歡。就像清除雜物時，我們要看的不是物品的價格，而是自己需不需要。

除了超耐磨木地板，我也喜歡看上去簡約大器的無縫地坪，例如優的鋼石、磐多

我用塑膠木紋地磚蓋掉第四間自宅原本有些破損的拋光石英磚。值得注意的是，塑膠地磚有「熱不太脹，冷了必縮」的特性，用久了會出現小小的縫隙。

魔、環氧樹脂（Epoxy）、樂土、卡多泥等等。無縫地坪顧名思義就是沒有接縫、不會卡汙，但缺點是偶爾會出現裂紋，而依據各家成分的不同，耐刮程度也有所差異。崇尚簡約風或工業風的人很適合這種地坪，不過它要價不菲，少則七、八千元，多則一萬到一萬五之間。

長輩通常會覺得：「不就是個水泥地板，一坪竟然要上萬？」如果「你的房子不是你的房子」，要選這種地板，恐怕得費點工夫說服了。

十四、廚衛設備費用

衛浴設備的價差驚人。一個陶瓷面盆視品牌、產地、設計和釉面技術，從一千多元到十幾萬元都有；同樣地，面盆水龍頭也是從數百元到數萬元不等，更別提獨立浴缸，從數千元到數十萬元都有可能。我偶爾會被問到：「一間浴室做到好要多少錢？」拜託，這很難回答，因爲我不知道浴室的坪數、有沒有開窗、要不要乾濕分

第三間自宅的衛浴配備是建商挑選的，我覺得還不錯就全數保留了。我只在洗手臺上方加了一個有間接照明的木作鏡櫃而已。

離、是毛胚狀態還是要拆除翻新、是要三件式（面盆、便盆、淋浴柱）還是四件式（前面三者加上浴缸），也不清楚對方期待的磁磚和設備是什麼等級。

廚房也是。進口品牌有上百萬甚至上千萬等級的精品廚具，日本製的也要數十萬，而國產品牌只要幾萬元就能訂製一整套。簡單講，廚房的坪數大小、櫃體／門片／檯面的材質、五金的優劣、配件的多寡、設備的等級和品牌的知名度，都是左右價格的關鍵；如果需要電器櫃、中島和吧臺，費用自然是往上累加。

在這兒我要提醒的是，有些人訂製大容量的廚具是爲了收納衆多廚房家電，例如電子鍋、微波爐、大烤箱、水波爐、氣炸鍋、豆漿機、麵包機、鬆餅機、攪拌機、冰淇淋機、釀酒機等等，但你一年究竟會用到幾次？如果一年只用兩次冰淇淋機，做出來的口味又沒有市售的好吃，是不是把位置空出來比較合理呢？如果廚房的空間很小，你的料理夢想卻很大，那就買臺多功能料理機吧！我有位朋友買了美善品之後，廚房縮減到只剩下半坪，眞是令我大開眼界呢。

十五、金屬門窗工程費用

裝修新成屋很少會動到門窗工程，舊屋翻新案卻會遇到玄關大門、房間門、拉門、金屬框拉門、前陽臺落地鋁窗、房間對外窗、後陽臺三合一通風門、鋁格柵或鐵窗的更新。房間門、拉門一般屬木作工程，於此不再贅述，其餘多屬金屬及鋁料製品。

集合住宅的玄關大門，從幾千元的硫化銅門到十幾萬元的鋼木門都有，視門片材

通過檢測的防火門，會有印上經濟部標準檢驗局的「C」字軌和流水號的金屬牌。

質、厚度、門鎖段數、隔音效能而呈現價差，挑選時請務必注意防火及隔熱性能。通過檢測的防火門，都有印上經濟部標準檢驗局的「C」字軌和流水號的金屬牌，很容易辨識；新建案則大多配備附有電子鎖的防火防爆門，比較不用擔心。

鋁窗方面，有些是主打品牌的公司貨，有些是鋁門窗行自行叫料組裝的組裝貨，兩者當然會有價差。鋁窗強調的不外乎氣密、水密、隔音和抗風壓等級，能隔絕熱能、節省電費的節能窗，和具有防盜效果的格子窗，也頗受消費者青睞。但我不喜歡用格子窗將窗景分割得支離破碎；我也討厭儲物窗，裝這種窗戶基本上就是一種用凸窗破壞大樓外觀、裡頭淨裝些無用雜物的自私行為，屋齡較新的社區大樓不可能容許住戶做這種事。

順道一提，我做過某個舊屋翻新案，屋主相當精打細算。站在消費者的立場，能省則省沒什麼不好，但有件事情卻令我感到苦惱。屋主說，他當時就是看上遼闊的高樓層景觀，才會砸錢買下那間位於十六樓的房子，可是他堅持不肯拆掉前手在每個房間對外窗上做的白鐵窗。

「你的景觀全被格子擋住了耶！」我說，「而且高樓層裝這個沒什麼意義。」

「我也沒有很喜歡，可是鐵窗的費用應該有算在房價裡面，拆掉浪費。」他解釋。

「那你走到陽臺上看風景的機會大嗎？」我追問。陽臺是唯一沒裝鐵窗的地方。

「這裡西晒，我應該是不會走出去。」

「……」

他不需要也不想要那些鐵窗，留下它們只是不想浪費而已，但他卻浪費了因爲景觀而付出的大筆房價差額。在裝修和整理現場，我不時會遇到這種不想浪費A卻因此浪費B的屋主，而B的價値大過於A。儘管我會以各種角度提出建議，最終仍得尊重屋主的決定，所以改造案要做到從裡到外都很美，並不是件容易的事呢！

十六、玻璃工程費用

住家會用到玻璃的工程，除了前面提及的門窗，還包括透明隔間、牆面局部裝飾、玻璃門片、衛浴鏡箱、淋浴拉門、穿衣鏡、廚房烤漆玻璃、造型隔屏、間接照明燈箱和室內梯扶手等等。玻璃一般以「才」計價，挖孔、磨邊等加工費用另計，而且

1：這是第五間自宅預售時的樣品屋，建商將書房規畫成落地玻璃隔間，讓室內公共區域顯得更加通透。

2：這是第五間自宅的公共區域，拍攝角度與上圖雷同。客變時我退掉了次臥隔間牆的上半部，打算將它改成玻璃書房。我覺得用一米高的半牆遮住桌面物件，看上去會比較清爽。

3：這是第五間自宅的書房。為了安全起見，天花板上預留了嵌入玻璃的溝槽，以免玻璃位移脫落。

通常是最後才進場的工種。

玻璃視其種類、厚度、功能而有價差。室內空間常見的是平板、強化、膠合、烤漆、茶色、噴砂、夾紗、雕刻和彩繪玻璃，我個人喜歡簡約的樣式，因此大多採用前五種。還記得大學時期老媽買了一間中古樓中樓，屋內有面隔間牆上鑲了一塊雕了中式山水的玻璃，裝修時，我的第一個要求就是把它給封掉，可見我對這種東西有多麼感冒。

X想「把其中一個房間改成透明隔間書房」。用來隔間的話，玻璃最好是厚度10mm的強化玻璃或5mm+5mm的膠合玻璃，而且安裝前必須在木作天花板上預留嵌入的溝槽，以免玻璃位移脫落。至於門片，則有推拉門或橫拉門等選擇，但足以承受玻璃門片重量的五金勢必不能馬虎，所以這也是一筆要考慮進去的開銷。

十七、清潔費用

清潔費用和前面提及的廢棄物清運、社區清潔費不同，這裡指的是裝修後的粗清和細清。

鋪設第六間自宅的超耐磨木地板前，清潔師傅正在進行粗清，以免地板下面藏汙納垢。

拆除後通常會盡速完成廢料清運，但現場仍會遺留一些水泥塊或木屑，而後續的空調洗洞、水電洗溝、木作鋸切、牆面打磨、照明挖孔、木地板鋪設等也會出現大量的碎屑和粉塵。如果要鋪設木地板，在進場施作前最好先進行粗清，把細小的垃圾都清乾淨，以確保地板下方不會藏汙納垢，等鋪完後再隨全室進行一次徹底的細清。

細清就非常講究了。天、地、壁、櫃體內外、層板、間接照明燈槽、總開關箱內部、窗軌溝槽、燈具、廚具、開關面板等屋主會摸到的地方，都要用專業工具清潔乾淨，木作上的殘膠和隨機散落的油漆滴痕也會仔細刮除，甚至連天花板維修孔也會掀開來朝內部吸塵。當然，可能被工班用到很噁心的馬桶和面盆也一定會加強清潔。

專業的「裝修後細清」服務與請一般清潔阿姨不同，依坪數通常要價上萬元或數萬元不等，因此想省錢的屋主有時會選擇自己打掃。其實要ＤＩＹ也不是不行，但就是得準備工具、花時間、花體力，還得上網研究哪種材質要和哪種清潔液做搭配，以免傷及裝修成品，畢竟我們沒有專業清潔人員的知識背景。

不過我認爲，最麻煩的還是清潔大面窗和窗軌溝槽了。直接沖水的話，樓下鄰居會抗議，管理中心也會上門勸說；若是把窗戶拆下來洗，沒有幫手接應，自己又不見得拿得動；更可怕的是萬一窗戶拆不下來，還得把半個身子探到大樓外面去擦洗，簡直像在玩命一樣。因此，我都會建議屋主打消此念，該花的錢就花吧，命只有一條啊！

十八、家飾軟裝費用

家飾軟裝就是「裝潢」和「裝飾」。前面的裝修工程都還有個行情可參考，但窗簾、壁布、壁紙、地毯，和足以展現出屋主個人品味的家具、家飾等物件，費用就很難估算了，畢竟你可以貼一幅幾百元的海報來凸顯文青、滾青、憤青或阿宅的調調，也可以掛一幅上億元的大師眞跡來彰顯自己的財力和藝術鑑賞力。

我遇過不少喜歡展示個人收藏的屋主，有蒐集泰迪熊的，也有蒐集馬克杯、黑膠唱片和骨董茶壺的。我對他們的建議都是：請不要一字排開地秀出來，有時「數大並不美」，只是讓空間顯得雜亂而已。況且收藏品和屋主喜愛的空間風格也不見得能互

第三間自宅的客、餐廳交界處，以白色矮桌和大型植栽做區隔。白色鳥籠的用途是燭臺。

相搭配，特別是夫妻倆對風格無法取得共識時。你可以想像美式風格的房子裡擺了一堆奇石盆栽，或是鄉村風的房子裡展示了大量的Bearbrick公仔嗎？那眞是用災難都不足以形容呢！

至於窗簾、壁布、壁紙、地毯等表面裝飾，建議配色和圖樣越單純越好，免得擺上家具、家飾和日常物件後顯得花上加花。如果擔心過敏的話，會招惹灰塵和塵蟎的布織品就盡量少用吧。

另外，如果住家位於十一樓以上的高樓層，根據《消防法》第十一條第一項規定，地毯和窗簾必須選用具有「防焰」標示的款式，這點還請特別留意。

十九、其他費用

除了上述花費，還有一筆費用我認爲最好別省，那就是驗屋費。如果你的能力不足以辨識交屋時的屋況好壞，還是請專業人士出馬吧！別再拿彈珠和墨水去現場耍寶了。萬一發現屋況有瑕疵，應該先要求建商或賣方改善缺失再進行裝修，再不濟也可以要求減少房屋價金。想想看，如果你買到海砂屋，你還願意花錢裝修嗎？又或者，假使冷氣排水孔內並沒有排水管，你又在牆上貼了昂貴的進口壁紙，等入住之後一開冷氣，排不出去的水立刻讓壁紙泡湯，甚至連木地板也受潮毀損，那裝修費豈不是白花了嗎？

我的第一間自宅是屋齡十二年的中古電梯大樓，才裝修完幾個月即有兩處窗框開始滲水。我請抓漏公司處理，但「打針」（即「高壓灌注」工法）的效果只勉強撐了一年；到了第三年，窗框下方的木作CD櫃已經被滲入的「水流」折磨到膨脹掉漆，就連CD內的封面紙本也因爲受潮而變得凹凸不平，甚至發霉，可以說是損失慘重。如果當時懂得先驗屋，我一定會把含水率過高的壁面和那些不起眼的裂縫整頓好才進行裝修，而不是吃了虧才寫存證信函向前任屋主討公道。

以上案例並不誇張。長期觀察驗屋公司的臉書發文和相關討論串，會發現許多光怪陸離的現象，例如陽臺地排沒接排水管，從洞口可以直接看到樓下鄰居的陽臺；浴室天花板內的糞管沒裝蓋板，樓上拉屎樓下臭死；浴室洗手臺洩水時，水像噴泉般從落水頭冒出來；馬桶基座只用矽利康草草固定，隨便用雙手一抬就能連根拔起……

室內設計師可以陪同驗屋，但鮮少斥資購買專業檢測器材，因此若想替房子做個

1

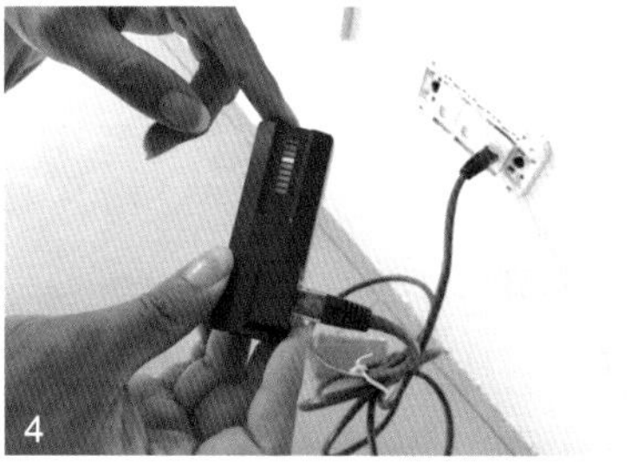

4

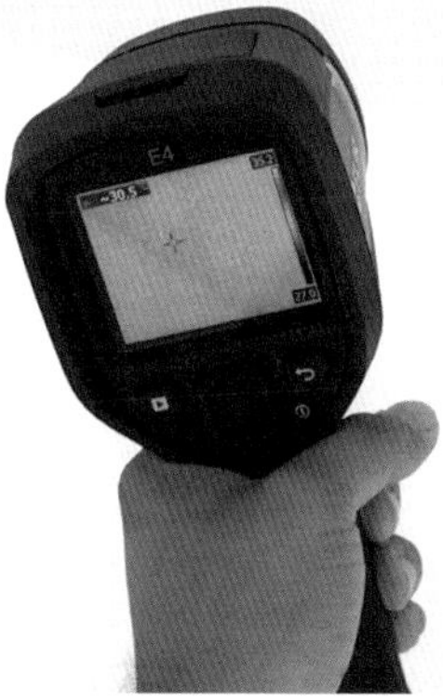

2

5

3

1：第六間自宅交屋前，驗屋人員正放水測試建商預留的冷氣排水管是否暢通。

2：熱顯像儀上顯示的牆面溫度，是判斷房屋是否滲、漏水的利器。

3：工業用內視鏡可檢查排水管內是否有垃圾或水泥塊淤積，讓看不到的地方也能一目了然。

4：小巧的網路訊號測試器可輕鬆搞定網路訊號的檢測。

5：抓漏師傅會在他認為是滲漏點的地方鑽孔，然後塞入針管，並以高壓灌注機注入環氧樹脂或會膨脹的PU發泡劑。這種做法俗稱「打針」。

徹底的健檢，請驗屋公司是比較正確的選擇。一般住宅的驗屋費用在一萬二到一萬五之間，坪數越大，費用越高。

另外，如果擔心裝修業者收了錢不辦事或施工草率的話，住宅消保會也推出了「裝修履約保證」這類服務，你可以把錢匯入第三方銀行的信託專戶，等工程完畢驗收無誤後，再撥款給裝修公司。住保的收費方式是總工程款一百萬以內低消五千，超過一百萬的部分另以千分之三加計。

你若打算自行發包，最好也能購買「營造綜合保險」之類的相關保險。工地意外時有所聞，有時門沒鎖好，好奇的鄰居不請自來地東摸摸、西看看，萬一踩空跌傷或手賤傷己，搞不好是你要被求償喔！這點不可不慎。

還有一筆是誰都不想付的錢，就是送給鄰居的「紅包」。有時拆除過程的噪音或震動過大，某些整天待在家裡（例如退休族、家庭主婦、失業者、在家工作者）或因為工作關係必須白天睡覺的鄰居（例如大夜班司機、保全、酒保），會狂打 1999 檢舉你。如果你有申請室內裝修許可證倒還好，政府至少會幫你的合法性撐腰；如果沒有申請，除了六到三十萬的罰金，恐怕還得包個紅包向對方賠不是，而金額通常是兩千到六千不等。萬一你的工班挖破水管，把樓下的天花板搞到漏水，那麼修繕和賠償的金額更是不容小覷，說不定還會弄到官司纏身哩！

以上是裝修可能會出現的花費。如果X只有三十萬預算，要接受委託並達成他的期待是有困難的，即便他自己發包也不見得能順利成事。因此，在找室內設計師或裝修業者前，建議先檢視自己的荷包，看看你的錢究竟是只能做「裝潢」，還是足以敲敲打打，連基礎工程也一併更動或翻新。

拿捏預算學問大

該不該向室內設計師或裝修業者透露預算？

現在問題來了，部分屋主深怕數字一講出來會被「花好花滿」，所以不肯在第一時間向室內設計師透露預算。我可以理解將一大筆錢交給一個不太認識的人，會產生多麼大的焦慮，但不清楚說明預算，卻會造成室內設計師極大的困擾。

話說，我在裝修第一間自宅時只是單純的屋主，對預算沒概念，不過格局配置上的想法倒是十分明確，因此設計師告訴我要花多少錢才能達成基礎工程的翻新時，我覺得可以接受就不多囉嗦了。後來二十九坪、只隔兩房的室內空間，工程款花了近九十萬，我自己挑選的簡單家電和幾件經典款的家具、燈飾也花掉三十幾萬（其中 Arco 落地燈定價九萬多）。如今回頭去看當年的估價單，我發現基礎工程的報價並無不合理之處，眞正能省的部分，也只有清掉雜物、少做點櫃子罷了。

自己開始接室內設計案之後，我認爲還是得先知道屋主的需求和預算，才不會浪費彼此的時間；也就是說，我必須評估那筆預算可不可行，可行的話才按預算畫出物件和細節，而不是畫出樣品屋等級的理想狀態後，再要求興奮的屋主追加預算。不過，我也遇過號稱有一百五十萬預算，等我畫完整套圖才告知只有一百萬可花的中古屋屋主，最後圖面刪到只剩下基礎工程和一個電視櫃，導致我在繪圖和溝通上所付出的心力有八成都是白費的。

總之，請和設計師建立起互信機制，這對後續的裝修只有好處，沒有壞處。

屋況 vs. 裝修預算

裝修費用和屋齡密不可分。房子按屋齡，一般分爲預售屋、新成屋／毛胚屋、中古屋、老屋這四種。屋齡越高，狀況越多，要花的錢自然也更多。

預售屋

我的第二、三、五、六間自宅都是預售屋。預售屋的優點是能進行前面屢次提及的「客變」，也就是客戶變更。預售屋通常都有固定的格局、建材和配備，但在特定的施工階段，建商可依據客戶需求提前變更格局、水電配置、建材和廚衛設備；換句話說，房子就會像量身訂做一樣，不必等到裝修時，才因爲不滿制式規格而打掉隔間、刨除地磚或找水電洗溝重拉線路，可以省下不少時間和金錢，也能減少許多建材的浪費。

由於必須事先考量所有設備和家具的位置，以及連帶影響到的燈具出線孔、開關和插座位置，你若是對客變沒把握，不妨請室內設計師協助規畫，再由建商按圖施作。要特別注意的是，客變多半是「退料不退工」，意思是如果退掉某種建材或設備，例如天花板、地磚、面盆、馬桶、暖風機等等，建商在計算加減帳款時只會退回材料費而已，而且是大量進貨的低廉價格，並不會連施作或安裝的工資也一併計入，因此能退回的費用相當有限，像我就退過一面只值三百多元的浴室明鏡。

新成屋／毛胚屋

沒客變過的新成屋可能會面臨前述的拆除費用，和新增或移設迴路／插座／開關／出線孔的費用。但比起必須動刀的中古屋或老屋，只須微整的新成屋在裝修費用上還是節省多了。由於基礎工程堪稱完備，廚房和衛浴設備也是現成的，因此新成屋的裝修大多著重在表面裝飾和機能的補強上，例如釘天花板、安裝空調、增設櫃體、配置燈具和家具等等。

毛胚屋則是隔間、建材和設備全部退光光的成屋，基本上除了管道間之外，屋內的一切都可以自由發揮。所以，豪宅多半是以毛胚型態交屋，連拆除也免了。

一般而言，新成屋一坪花個一萬，約莫可以處理天地壁和基礎照明，花到兩萬可以有收納機能，花到三萬才會有點設計感。如果希望像雜誌上的房子一樣美，花個五到七萬是常態；豪宅的話，一坪花到二十萬也是家常便飯。究竟要花多少裝修費，端看屋主對美感、舒適度、精緻度和方便性的要求程度而定，而這些設計細節，都會反映在估價單的數字上。

中古屋

中古屋是指屋齡五到十五年的房子，好比我的第一間自宅。其實房子爲人類服務了這麼些年，窗框會漏水的地方應該已經漏了，牆面會長壁癌的地方應該也已經長了，衛浴設備可能略顯老態，流理檯面恐怕也有不少刮痕。如果屋齡超過十年，電線壽命已盡，必須全室抽換更新，而木作貼皮搞不好也有一些破損需要修復。

我的第四間房子屋齡只有三年，但被七十幾歲的前任屋主住到貌似老屋，加上格局規畫不當，整體採光陰暗，因此我索性將原有的裝修全數拆光。二十坪出頭的挑高夾層屋，拆除費用三萬多元，重新裝修卻花了近一百三十萬。簡而言之，中古屋的基礎工程一坪抓個至少五萬實屬正常，想多點設計感，一坪花個八到十二萬也不爲過。

我不喜歡住屋齡超過十五年的房子，倒不是嫌房子舊，畢竟我有能力改變屋況，令我避之惟恐不及的反而是社區管理問題。十五年以上的集合住宅社區，想做到梯廳和廊道的淨空不太容易，而且外牆經常掛著凌亂的冷氣室外機和各式鐵窗。想到進門前必須看到一堆鄰居的雜物，還得穿梭在鞋櫃、踏墊、盆栽、雨衣、腳踏車和金爐之間，我就不免頭皮發麻，即便進門後的屋況再美，內心仍會感到「啊雜」。

老屋

屋齡超過十五年的房子，通常已被視爲老屋。管線全換是必然的，天花板、壁板和櫃體也必須全部拆掉，以便確認鋼筋是否外露，樓板和牆面是否滲水或長了壁癌。屋齡三、四十年或四十年以上的舊公寓就更不用說了，門窗和廚衛設備建議全面更新、防水重做，而由於舊型總開關箱難以應付新型家電的用電量，基於安全考量，最好也能重新整理，並替廚房等較爲耗電的區域增設獨立迴路。

會住老公寓，若非繼承而來，或是看上它沒有公設虛坪，面積較大，就是地段好到足以讓人捨棄郊區的新房子。不過，非精華地段的老屋貸款成數較低、利率較高，翻修費用一坪約莫要七到十萬，因此手頭上的現金勢必得寬裕一些。

在裝修方面，老舊公寓唯一的好處是能省下一筆室內裝修審查費，壞處是沒有管委會的約束，很容易出現鄰居占用梯廳和廊道的狀況；加上目前將公寓改成隔間套房的風氣方興未艾，萬一你花了大錢裝修，打算長居久安，隔壁卻變成隔套而導致出入分子複雜，那你嘔是不嘔？這些都是砸錢裝修前必須考量的因素。

找設計師？找統包？還是自行發包？

那麼，裝修到底該找設計師、找統包，還是自行發包呢？這是每個裝修素人都會提出的問題。我想，這得看你是否具備以下四個條件而定：一是預算，二是時間，三是專業知識，四是心理素質。

想裝修，最大的前提就是要有足夠的預算，否則一切免談，因爲所有東西都是用錢堆出來的。如果你預算夠但沒時間，大可請室內設計師代勞，只要依時程溝通圖面、挑選建材和設備，即可輕輕鬆鬆等著入住。眞正專業的室內設計師，在規畫動線、格局、收納和各種生活機能時，一定會爲屋主做最通盤、最細緻的思考，並在美感上進行把關，有時還必須充當諮商師或里長伯，排解居住者之間的意見不合或矛盾衝突。

當然，即便你有足夠的預算，也不見得非找室內設計師不可。如果你了解相關法規，有能力全面檢視自己的生活習慣、看穿自己在整理收納上的盲點，能在美感需求和預算限制上取得平衡，又有繪製簡易圖面及跟師傅溝通圖面的功力，還能不時前往工地監工，並處理來自鄰居的質疑和糾紛，或許你可以自己找工班執行。但我相信多數屋主缺乏這種能耐，也沒有這種美國時間。

要是你的預算差強人意，又沒空監工，那就只能找統包廠商了。找統包的好處是，各項工程萬一出了問題，至少有個統一的窗口可以負責；缺點是他們多半一個指令一個動作，你要在那兒釘櫃子，他就釘一個給你，頂多給些尺寸、工法和材質上的建議罷了，至於美不美、好不好用、用久了會不會亂，並不在他們的考量範圍之內，畢竟統包不是室內設計師，你也沒有付設計費給他們。因此，你必須利用餘暇多做功課，把設計概念和細節想清楚，等找好可模擬的參考圖片之後，才委由統包執行。

如果你的預算緊繃，不只想省設計費，連監工費也想省下，那你只好自行發包了。但前提是，你要有足夠的專業知識，能正確安排工班進場施作的順序，掌控各項工程的施工品質；而重點中的重點是，你要有能力找到合適又好溝通的工班，並且能和「知道你未來住哪兒」的師傅們和睦相處。有時遇到愛遲到卻絕不等人的師傅，你會責備自己幹麼請假去工地瞎等；有時遇到毫無美感卻堅持己見的師傅，你也會懊惱自己何以能說服老闆和客戶，但付錢請來的師傅卻一直在跟你唱反調……所以，心理素質不夠強大的人，我不太建議你自行發包，否則你眞的會被氣到心律不整。

左頁是裝修到底該找誰執行的評估表格，各位請自行對號入座吧！

預算	時間	專業知識	心理素質	建議選項
○	╳	╳	╳	找室內設計師
○	○	╳	╳	找室內設計師／找統包
△	○	○	╳	找統包／自行發包，但有可能一直崩潰
○	○	○	○	你想怎樣都行
╳	○	╳	╳	先做功課吧！
╳	○	○	○	自行發包／自己DIY
△	╳	○	○	找統包／自行發包
△	╳	○	╳	找統包
╳	╳	╳	○	請先認真存錢
╳	╳	╳	╳	其實你可以不用裝修

○ 足夠，　△ 差強人意，　╳ 緊繃／缺乏

第四章

這樣做，打造零雜物簡約風

好，現在你終於可以開始蒐集美圖了。可是，你究竟喜歡哪種風格？哪種風格最適合你？你的預算能執行出哪種風格？而那些參考圖片又該上哪兒去找呢？如果你毫無頭緒，那麼請繼續往下讀吧！

首先，很多人不知道自己喜歡什麼風格，或是心中隱約有個畫面，但不知道那個畫面該用哪種風格來稱呼。我自己就遇過很多「心口不一」的屋主，例如他說他想要美式風格，可是他抓的圖片全是日雜鄉村風格，兩者兜不在一塊兒；或是他說他喜歡日式禪風，看得上眼的卻全是華麗的歐風壁紙和大型水晶燈！因此，與其告訴室內設計師你想要「XX風格」，不如直接拿圖片給他看，以確保雙方的認知是一致的。

不過，你喜歡的風格不見得適合你。好比說你喜歡前面提及的日雜風格，可是你家落塵量大，除非永遠不開窗，否則光是撢掉開放式層架上那些雜貨表面的灰塵，就會撢到讓你懷疑人生；又或是你嚮往硬派工業風格，可是出錢金援的長輩不同意（還記得嗎？你的房子不是你的房子），那麼會引起家庭革命的風格恐怕也與你無緣。

另外，空間風格與裝修預算息息相關，你喜歡的風格，你不見得有錢將它執行出來。想走新古典風格，光是木作、線板和精緻的家具就所費不貲；想走極簡風格，對建材質感的要求反而更高，所以花費也省不下來。也就是說，在預算不夠的情況下很可能導致風格走樣，最後極簡風成了「極簡陋」風，工業風成了「工地風」，鄉村風成了「鄉下風」，混搭風則是成了「混亂風」。

要避免這類悲劇發生，我們得先掂掂自己的斤兩，衡量各種利弊得失，再找出最佳解決方案。

在前面兩章，我們已經釐清了自己需要什麼，也初步了解了各種工程費用，足以就已知的條件來擬定蒐集圖片的策略。什麼？蒐集圖片也需要策略？那當然，不具參考價值的圖片等同於雜物，預先設下取捨的規則，才不至於造成日後整理時的困擾。

風格參考圖片蒐集策略

如果你的預算只夠「裝潢」，就參考以活動家具和家飾來布置的網站。你可以按圖片裡的色彩和風格依樣畫葫蘆，更改壁面的顏色、地板的材質或布織品的色系，並選擇風格相近的物件。重點是要有自知之明，假使你自認毫無美感，就請全盤照抄吧！像不像三分樣，只要別亂發揮創意，你的室內空間便不至於「走精」到離譜的程度。

如果你的預算可以做些輕裝修，但不足以變更格局或弄一間透明書房，那就找坪數和格局類似的圖片，例如都是中間夾著走道式廚房的兩房兩廳，或是都有主臥室房門開在電視牆邊的狀況，而它已經用隱形門解決了問題。找這種圖片的好處是，即使你手上沒有設計圖，光靠圖片跟統包或師傅口頭溝通，通常也不會出什麼太大的亂子。

如果你的預算充足，當然是什麼格局和風格都能執行，少數礙於法規難以改變的，就只有對外窗的開口面積、開口形式，以及室內挑高這種建築物的先天條件。假使你的房子沒有大面積的落地窗、沒有前陽臺，或是挑高落在三米以內，那麼找圖片時，就別找有法式落地格子窗、陽臺上有觀景休閒區，或挑高五米的那種房子了。

去哪兒蒐集圖片？

圖片該去哪裡找呢？除了坊間的室內設計雜誌，許多網站、FB粉絲頁、手機APP和IG帳號也是優質的圖片來源。下頁是我經常造訪的幾個網站，它們也幾乎都有FB粉絲頁和IG帳號。已經設下篩選漏斗的你，請開始大量看圖、勤做功課吧！

可能的話，請先蒐集二十張圖片，並找出它們的共通點，或許你就能發現自己最愛的設計元素是什麼了，例如天藍色、六角形或木質紋理。如果你有共同生活的伴侶，也請他蒐集二十張圖片，然後彼此討論吧！事先吵過一輪，總比在裝修業者面前才驚訝於彼此的品味差異要來得好些。

Adore Home Magazine
https://www.adoremagazine.com

Apartment Therapy
https://www.apartmenttherapy.com

Design*Sponge
https://www.designsponge.com

Desire To Inspire
https://www.desiretoinspire.net

Freshome
https://freshome.com

Home Design Lover
https://homedesignlover.com

Interior Design
https://www.interiordesign.net

My House Idea
http://www.myhouseidea.com

Remodelista
https://www.remodelista.com

The Design Files
https://thedesignfiles.net

Airbnb
https://www.airbnb.com.tw

Arch Daily
https://www.archdaily.com

Decor8
https://www.decor8blog.com

Dwell
https://www.dwell.com

HGTV Photo Library
https://photos.hgtv.com

Houzz
https://www.houzz.com

IKEA
https://www.ikea.com

Pinterest
https://www.pinterest.com

The Inspired Room
https://theinspiredroom.net

100室內設計
http://www.100.com.tw

零雜物生活最適風格

接下來，我要談談追求「零雜物」生活的人最適合什麼樣的空間風格，我想這也是本書讀者很希望了解的部分。我直接講結論好了，答案是：**北歐風、簡約風和無印風**。

北歐風、簡約風和無印風的精髓

北歐風大家很熟悉了，它的精髓就是乾淨、現代、實用、溫暖，不能理解的話，最快的途徑是去google或翻閱 IKEA 型錄。倘若你認同第二章介紹過的 lagom 原則，也期待生活可以更加 hygge，這無疑是個好選擇。

不過我必須說，我經常覺得 IKEA 的樣品空間東西稍多，雖然這是爲了展示並銷售物件，但有時不免令我眼花撩亂。簡單講，**如果你想複製 IKEA 型錄上的空間，**

北歐風。

請記得運用減法，少一點裝飾反而會更好看喔。

簡約風是當前的主流風格，它的特色是以簡單俐落的線條來彰顯金屬、石材等建材的質感，強調「形隨機能」而不做多餘的裝飾設計，並以現代造型的家具、燈飾來建構屋主的個性和品味。這種空間若有雜物攪局，會變得相當可怕。（哪種風格不是呢？）我經常對屋主說，簡約風不是將雜物藏在外表簡潔的收納櫃內，能做到「表裡合一」才算是眞正貫徹了簡約的定義。想走簡約風的話，請盡量把雜物清掉吧！

無印風不必多作解釋，就是在以白色爲基調的空間中，搭配平釘天花板、素樸的淺色木地板，和帶有日式風情的實木家具。收納方面沒有頂天收納櫃的壓迫感，而是以視覺上較爲輕巧的開放式層架爲主，同時十分強調物件陳列與展示的美感。愛好者通常會大量使用「無印良品」的各種產品，並在室內點綴一些綠色植栽。想感受無印風格的魅力，最直接的方式就是去住Muji Hotel。想當然耳，這種風格也不適合有任何雜物出現。

我住過的自宅，沒有一間能以單一風格來形容，或者說，它們大多綜合了以上三者的元素。例如我喜歡白色，不是百合白，也不是玫瑰白，而是純白！如果可以的話，我希望住在理查．麥爾（Richard Meier）設計的白派建築物裡，但我並不迷戀實木家

簡約風。

具和開放式收納，家裡也沒幾個 Muji 的產品。又例如，我喜歡造型現代的家具和燈飾，也不做多餘的裝飾，但我不太使用昂貴的建材，反而偏愛藤編和壓克力這兩種貌似互斥的質感。綠色植栽是一定要的，不過植物是真是假我倒沒那麼在意，只要能看見幾抹綠意就好。

總而言之，我個人最常運用的元素是：純白色＋平釘天花板＋跳色牆面（無踢腳板）＋經典燈具＋輕盈感家具＋少量布織品＋綠色植栽＋重點裝飾品＋大量留白，某種程度上類似所謂的「舒適極簡風」（Cozy Minimalist）。

有別於令人聯想到冷冽觸感的黑灰白極簡風格，舒適極簡風能在只存有少量物件的空間中，營造出柔和的氛圍；也就是說，**空間雖然極簡，看上去卻不至於家徒四壁，令人感覺寂寥或拒人於千里之外。**

打造舒適極簡風的八大技巧

以下我將介紹打造出這種風格的八大技巧，並以我開始清除雜物後住過的自宅為

舒適極簡風。

範例，希望能提供你一些實用的想法。

一、限縮室內顏色的數量

將室內顏色限縮在幾個重點色上，可以使空間顯得柔和，也能讓身心進一步放鬆。想想看，一般新成屋剛交屋時，幾乎都是米白色的牆面、米黃色的拋光石英磚，搭配深棕色的踢腳板，基本款就已經有三種顏色了，若加上窗簾和沙發，便很容易超過五種顏色。這時只要增添其他顏色的燈具、地毯、抱枕、寢具和小擺飾，將立即造成視覺上的過載，導致緊張、分心和心神不寧的情況出現。

Phyllis怎麼做？

我家是以純白、淺灰、深灰和淺木色為主色調，搭配灰藍色的布沙發和綠色植栽，整體不超過六種顏色。我在過去的幾間自宅鋪過深棕色的木地板，但我現在更喜歡輕盈中帶了點灰階的淺木色地板。

1：接手第四間河岸挑高宅時，原有的拋光石英磚已有些陳舊，我不想刨除全室地磚擾鄰，因此選擇在上頭直接鋪貼深棕色的塑膠地磚。懸空的窗邊臥榻以C型鋼製作，並貼上與塑膠地磚同色系的木皮。

2：第五間自宅鋪設的是帶點灰色的超耐磨木地板。家具皆為白色系，為了賦予空間一些穩定的力量，因此選擇了不會太淺的花色。

3：第六間自宅鋪設的是同樣帶了點灰色的超耐磨木地板，花色是淺榆木色。

二、採用中性色和大地色系

中性色指的是黑、灰、白、金、銀，大地色指的是棕色、駝色、卡其、灰白、米白、土黃和草色系。上述色彩能令空間顯得簡潔、知性、高雅，並讓身處其中的人感覺平靜。如果不知如何選擇，就挑選不同色階的白色、米色、沙色或灰階吧。

另一個方式是以白色爲主，搭配一面降低明度的跳色主牆，例如加了白色或灰色的海軍藍、珊瑚紅或湖水綠，這麼做可以讓主牆的顏色顯得不那麼刺眼。

Phyllis怎麼做？

經常有人問我，為什麼住過這麼多房子卻選擇大同小異的色彩？答案是，小步的毛色是虎斑，小舞是灰黑，咩咩是銀白。為了在任何背景前都能拍下美美的三貓相片，我刻意用與三貓毛色相仿的色彩當成室內主色。想當然耳，貓咪的毛色絕對不出中性色和大地色系的範疇。

上：第五間自宅的次臥漆了淺灰色的跳色主牆（圖右），房門外客廳主牆漆的則是深灰色。

下：預售客變時，我沒有退掉第三間自宅的米白色拋光石英磚，因此油漆和軟件選擇以巧克力色和奶茶色搭配。主臥室主牆漆的是溫和的奶茶色。

三、色溫低一些

色溫的測量單位是°K，日光燈是6,000~6,500°K，相機閃光燈或正午的日光大約是5,500°K，下午的日光是4,000°K，傳統白熾燈泡是2,700°K，黎明或黃昏是2,000°K，燭光是1,900°K，壁爐的爐火是1,000°K。

高色溫在光譜中的藍色成分較重，能提振精神，適合用在辦公室或工作場所；低色溫則是紅色的成分較重，給人溫暖柔和的感覺，適合用在居家空間或臥室。一天之中光線最美的就屬日出前和日落後的短暫時刻，亦即攝影師口中的「魔幻時刻」（magic hour）。想在室內重現魔幻時刻的光線、打造hygge的體驗，色溫自然不能太高囉！

Phyllis怎麼做？

在室內，我一般都選用3,000~4,000°K之間的黃光LED燈具，無論如何都不用白光。有些人（特別是長輩）會堅持使用全室白光，或是白光、黃光交錯使用，我必須說，那樣真的很醜，請別讓錯誤的燈光配置毀掉你整個空間的氛圍。

第二間自宅的客廳天花板沒有燈具出線孔，
唯二的照明光源來自窗簾盒內的間接照明與
轉角處的Arco落地燈。

四、挑選適當的燈具

北歐人對燈具相當講究，他們認爲與其在天花板中央掛一盞燈，不如在各個角落安排幾盞亮度不同的小燈，藉此營造出溫暖舒適的氛圍。單一主燈會使四周變暗，不僅沒氣氛，居住者的氣色看起來也不好。被暱稱爲「PH」的丹麥燈具設計大師保爾．漢寧森（Poul Henningsen）說過：「一個房間的正確照明需要的不是錢，而是文化素養。」簡單講，燈光不必太亮，燈具也不需要多麼華麗，燈光的形式、位置和亮度的多樣化才是重點。

Phyllis怎麼做？

我幾乎不用吸頂燈，多數時候是以錯落的吊燈、壁燈、落地燈、檯燈，來搭配少量的小嵌燈和間接照明。基本上，天花板上看得見的燈具越少越好。目前家中較特別的燈具是餐桌上的「PH5」吊燈、我從巴黎扛回來的銀色蘑菇燈，和衛浴洗手臺旁邊的玻璃小吊燈。而至今我最懷念的，則是曾經擁有過、但隨著房子一併脫手的Arco落地燈。

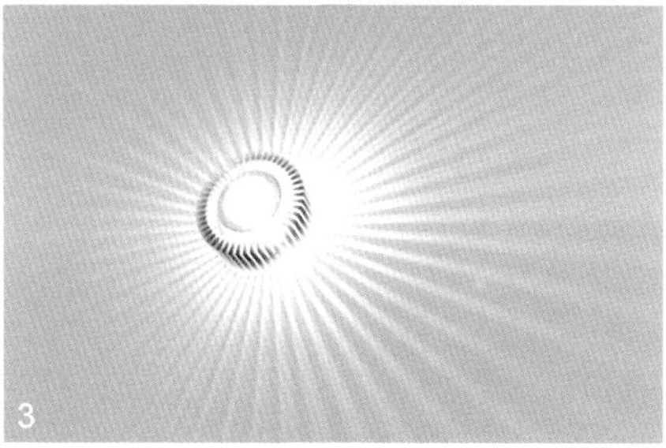

1：第三間自宅的客廳採用的是Flos的Arco落地燈，餐廳用的是Romeo Moon吊燈。

2：第六間自宅的蘑菇燈來自2006年的巴黎旅行，其燈光明暗可透過燈罩或燈座觸控調整。

3：第五間自宅的餐廳壁燈，光線像太陽般耀眼奪目，是非常吸睛的裝飾性光源。

五、創造視覺焦點

特色鮮明的物件，可以在低彩度、低色溫的柔和空間中創造出視覺焦點。「焦點」只能有一個，多了會被稀釋掉；換句話說，當所有東西都是重點時，等於沒有重點。

作爲焦點的物件新舊皆宜，它可以是一件經典款家具、一塊地毯、一盞燈、一座壁爐、一幅抽象畫作、一個大型擺飾、一束怒放的花、一個小而搶眼的骨董或家族紀念品，當然，它也可以是一面質感特殊的牆，但請務必替它打上獨特的燈光，除非它本身就會發光。

Phyllis怎麼做？

淡水的冬天還滿冷的，為了替空間增添一些暖意，我喜歡在客廳裡裝設有擬真火焰、又能送出熱氣的電子壁爐。通常只要一開壁爐，訪客的目光都會立刻集中到它上頭，除了成為視覺焦點，也能順勢開啓另一個聊天話題。

小步在第六間自宅的壁爐前休息。我裝設壁
爐的另一個原因是為了給貓取暖。

六、從經典款下手

不知如何挑選家具時，不妨先從設計大師的知名作品著手，例如：潘頓椅（Panton Chair）、Y字椅（Y Chair）、海軍椅（Navy Chair）、天鵝椅（Swan Chair）、巴塞隆納椅（Barcelona Chair）、伊姆斯的休閒椅與擱腳凳（Eames Lounge Chair & Ottoman）等等。只要在一屋子的IKEA家具中點綴一把經典款單椅，整體質感便會大幅提升。你說價格很貴？我知道，但少買一坪用來堆雜物的面積不就有預算了嗎？

Phyllis怎麼做？

買經典款是保證不出錯的選擇，它們之所以成為經典，就在於造型歷久彌新，令人百看不厭。如果經典款的價格太不親民，從設計品牌入手也不失為一個好選擇，義大利的Kartell、瑞士的Vitra、丹麥的HAY和Muuto，都有一些不至於讓荷包大失血的實用單品。不過，遇到預算緊繃的屋主時，我也會務實地列出一些復刻版供他們選擇。

順道一提，復刻版也有合法的喔，但質感終究不能與原廠正品相提並論啦！

上：美國工業設計大師喬治．尼爾森（George Nelson）深受日本影響，他在首次訪日返美後，以日本傳統櫥櫃「簞笥」（tansu）為靈感，設計了這款抽屜櫃。這個櫃子已經跟了我十一年，依舊是百看不厭，而且目前的售價居然又漲了兩萬多。

下：這個雙層塑料圓筒來自Kartell，就收納機能而言它不算好用，但把門拉開就是一個理想的貓窩。

七、減少布置物

當你缺乏策略、不假思索地購買你認爲可愛、討喜的小東西，還把它們展示出來時，絕對是災難的開始。想想看，一間現代簡約風的住宅，如果透明書房的隔間玻璃上吸滿了夾娃娃機裡的布偶，會是什麼模樣？不要懷疑，你的布置物越多，房子就越雜亂，原本設定的風格就越走樣。此外，千萬別選印有卡通圖案的居家用品，它們多半色彩鮮明又相當稚氣，只要你用了，你花大錢裝修的空間保證瞬間 low 掉。

Phyllis怎麼做？

我不買任何與室內風格不搭的擺飾，要展示小東西時，也不會一口氣全擺出來，因為「輪流展示」能保持新意，更能避免雜亂。懸掛的畫作則以尺寸較大的抽象畫為主，具象的圖樣有時會搶了室內設計細節的風采。我個人最愛抽象表現主義畫家馬克·羅斯科（Mark Rothko）的作品，每間房子裡總少不了他的畫作海報。而基於上述理由，我並不喜歡也不推薦用一堆小相框拼湊而成的「相片牆」設計。

1：第三間自宅的餐廳掛了Campbell Laird的畫作海報。跳色牆面選擇巧克力色是為了搭配小步的毛色。

2：第六間自宅的客廳裝飾品僅有綠色植栽和幾個抱枕。東西多會造成視覺上的超載，布置時請盡量運用減法。

3：書桌上的裝飾品同樣是綠色植栽，外加一個與主牆同色的IKEA磁性留言板。

八、將綠意引進室內

就算一個空間內僅有黑、灰、白等無彩色，但只要出現一抹綠意，立刻就能展現出生氣，更何況虎尾蘭、波士頓腎蕨、黃金葛、白鶴芋、山蘇等植物，還有淨化空氣的功效呢！

試著將戶外的綠意引進室內，你會發現其他的布置物漸漸變得多餘。我知道有些人因爲害怕室內植物長蟲而裹足不前，如果你也擔心蟲害，不妨試試無須使用土壤作爲介質的水培/水耕植物，只要記得正確換水即可。

Phyllis怎麼做？

我喜歡用綠色植栽裝點室內空間，最偏愛的觀葉植物是天使蔓綠絨、琴葉榕、龜背芋和波士頓腎蕨。不過家中養貓，許多植物對貓而言是有毒的，因此在室內我會退而求其次地以人造植物代替，真正的植物只會擺在陽臺上。目前家中最顯眼的人造植物是插在玻璃大花瓶內的銀杏葉，我覺得它的造型相當百搭。

以上就是我打造零雜物簡約風的技巧。下一章，我將和大家分享入住後如何保持良好屋況的重要觀念，請繼續往下讀唷！

上：我在第五間自宅的沙發旁擺了幾枝人造銀杏葉，目的是讓純白的空間柔和一些。

下：同樣的銀杏葉又跟到第六間自宅來，一樣百搭。

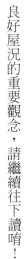

第五章

維持清爽屋況的房屋使用手冊

我喜歡整潔的居家空間。很多人說我家像樣品屋，但我並不如大家所想，老是拿條抹布東擦西擦，或像強迫症患者似地，執著於將每樣物品擺放成固定的角度。曾有朋友來家裡玩時掉了一根頭髮，她擔心自己弄髒了這麼整潔的房子，還笑稱怕我生氣。我告訴她，我認爲愛乾淨是髒了之後好好清潔，愛整齊是亂了之後恢復秩序，而非不許弄髒、不許弄亂，爲了維持一個空間的完美樣貌，而犧牲在裡頭自在活動的樂趣。我家之所以像樣品屋，純粹是因爲我有讓空間迅速恢復「預設值」的能力。

所謂預設值，指的是入住量身訂做的新家、一切都整理妥當後最美的樣子。東西收在原本設定的位置，牆面沒有被塗鴉、貼紙、日曆、相片給入侵，檯面沒有被書報、雜物和瓶瓶罐罐給占據，角落和走道沒有出現各色紙袋和塑膠整理箱，沙發扶手和椅背上也沒有披掛著層層疊疊、分不清楚乾不乾淨的衣物和包包。

前面曾提及，有百分之四十五的屋主在入住新家的一個月內就將新屋毀容；住滿一年還能勉強維持屋況的僅占百分之十五，入住五年仍能維持原樣的只剩下百分之三。爲了避免這種憾事發生，我認爲每位屋主都需要一本房屋使用手冊，只要依照說明正確使用，便能有效阻止雜物和凌亂感的增生，一如按下 reset 鍵，能使屋況迅速恢復預設值。

如果屋況可以 reset……

我在第二章提到了如何按動線規畫收納機能，在第三章探討了如何掌握裝修預算，在第四章示範了如何營造舒適極簡風，而這一章，我將協助大家在裝修完畢入住之後，排除幾種最容易導致混亂的情況。

身爲專業整理師的特異功能之一，就是能看見房子被毀容前的模樣，並輔導屋主以各種手段使它恢復原狀。我的屋況 reset 建議如下：

這樣做，讓屋況迅速恢復預設值

一、排除多餘的布置物

請運用減法，先將電視櫃上、沙發上、層架上、書桌上、床上那些布娃娃和卡通抱枕挪走，再拆掉印有書法勸世文、蓮花或布丁狗的門簾，然後將俗豔的面紙盒或稚氣的腳踏墊給處理掉。喔！請順便移除掛在門把上的那串中國結、五帝錢或蒜頭小吊飾，那個用廢月曆紙編成的ＤＩＹ小提籃也麻煩扔掉，算我求你了。

我知道你愛貓，可是你不必使用臭臉貓樣式的腳踏墊；我知道你信佛，可是你不必拿印有心經的門簾來擋廁所；我知道你花了很多心思才集到那組超商送的公仔，可是你不必把它們排成一排展示在窗臺上。這些五顏六色、圖案又太過具象的東西，是使空間顯得幼稚又缺乏質感的元凶，如果你把美感當一回事的話，還請務必遠離。

二、把貼紙全部摳下來

請再次運用減法，將牆面和門片上那些卡通貼紙或廉價壁貼摳下來。別以為有養小孩的家庭，牆面才會貼滿卡通貼紙，沒養小孩的家庭也一樣。我就見過一對年近不惑的夫妻，家中堆滿雜物，垃圾直接扔在地上，平時還喜歡蒐集雷射小貼紙，然後將它們貼在餐桌旁的牆面上當作裝飾。這些貼紙遠看令人眼花撩亂，近看更是讓人感覺刺眼。為了讓房子變乾淨，我當下就請他們全部撕除，還給牆面一片素淨。

另外有些人喜歡讓物品看起來是全新的，因此保留了上頭全部的貼紙。於是，冷氣室內機上有能源標籤，冰箱上有「急速冷凍」字樣，熱水瓶和瓦斯爐上有各種高溫防燙的提醒貼紙。更誇張的是，結婚都N年了，門片、家具、家電和鏡子上仍貼著大紅色的「囍」字，而且這個囍字還嚴重褪色，試問這樣眞的能招來喜氣嗎？

三、盡可能將檯面淨空

請繼續運用減法，將餐桌、書桌、洗手臺、流理臺、茶几、窗臺、矮櫃上方的書報雜誌、瓶瓶罐罐、老人茶具、發票、信件、雜物、小孩的玩具和零食包裝紙給清除掉。只要將檯面淨空，室內就會立刻變得舒爽。你知道普普藝術大師安迪．沃荷是怎麼清理桌面的嗎？答案是：拿一個紙箱，把東西全部掃進去。我當然不是教你這麼做，但嘗試淨空時就得有這種氣魄。

某次一位記者到家裡採訪，她發現我的白色餐桌上空無一物時，很訝異地問我：「你家的水果在哪裡？」我說在冰箱裡。「怎麼沒有擺出來呢？我家都會擺出來耶。」她追問。我這才明白，有些人從小受家裡影響，認爲桌上一定要擺東西才叫

「正常」、才顯得「豐盛有餘」。殊不知，這正是多數人家裡都很亂的原因。真正富足的人，不必提醒別人他很富足，反而更懂得「藏」的藝術。多想兩分鐘，你可以不必延續上一代的生活習慣。

四、拿掉牆上的紙製品

掛畫是有學問的，尺寸、色系、高度、數量、布局都得顧慮。想布置一整面相片牆，要考量的事情也一樣多。偏偏許多人只有小學生做壁報的能力，卻把自家牆面當成剪貼本，拿到海報就往上貼，洗了相片也往上貼，收到卡片和明信片再往上貼，小孩隨手亂畫的塗鴉更是當寶似地往上貼，有時中間還點綴了一些紙黏土和水晶玻璃馬賽克磁磚，「溫馨」到讓室內設計師很想流淚。

還有不少人因爲裝修時做了掛畫軌道而企圖掛好掛滿，掛滿後又繼續讓各種裱了框但風格不一的字畫在下方靠牆排排站，彷彿不把牆面塡滿，人生便不夠圓滿似的。如果你也是此道中人，請試著留下一幅就好。與其在房子的臉上貼滿狗皮膏藥，素顏反倒比較美觀。

另外我要提醒一點，請別把大型婚紗照掛出來，那兩位因爲濃妝豔抹和非日常穿著而有七分不像自己的影中人，通常也會站在一個奇妙的拍攝場景中，以致整幅相片和家中的環境格格不入。事實上，當你的身材日漸走樣、兩人因生活瑣事的磨擦而感情漸淡後，看到當年流露出濃情蜜意的婚紗照也只會起殺機而已，結過婚的都懂得我在說什麼。

順道一提，我看過某設計案的主臥室裡，有一個能從衣櫃後方拉出來的大型相框，而裡面居然藏著婚紗照！我很想知道，屋主究竟是想看到還是不想看到？拉出來究竟是要欣賞，還是想當射飛鏢的箭靶呢？眞是教人一頭霧水的謎樣設計啊。

掛畫小技巧

想學會如何有品味地掛好一幅畫或好幾幅畫，我們需要幾個可以奉行的準則。我看過不少參考資料，發現最能輕鬆搞定這件事的，還是《掛畫學問大》這本書所傳授的技巧。以下是我從書中歸納出來的掛畫重點。

畫作的最佳欣賞高度：畫作中心點距離地面一百四十五公分（五十七到六十吋）。

一百四十五公分是人類視平線的平均高度。要成功把畫掛上，我們必須先取得畫作的中心點。中心點指的是畫作寬度和高度中心點的交叉處，例如一幅寬五十公分、高八十公分的畫作，中心點就位在寬二十五公分處所畫的垂直線和高四十公分處所畫的水平線的交叉處。中心點應該與距離地面一百四十五公分之處重疊。接著，我們必須用食指勾起畫作背面的掛繩，如果掛繩在緊繃的狀態下，食指高於畫作中心點五公分，那麼掛畫的釘子就必須釘在距離地面一百五十公分的地方。

畫作的中心點應離地145公分。

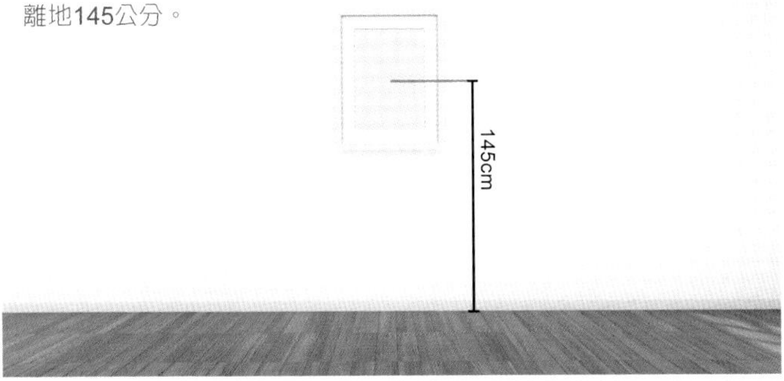

畫作下緣與家具上緣的理想距離：十六到二十一公分（六到八吋）。

如果畫作下方有擺單椅或沙發，那麼畫作底端與家具頂端的距離最好能有二十一公分以上，這樣身體往後靠或舉起雙手時才不會打到畫作，坐著時後腦勺也不至於遮住畫作；如果畫作下方是五斗櫃或書櫃，兩者最好也有十六公分以上的間距。萬一沙發和五斗櫃太高，高到會擋住離地一百四十五公分的畫作時，就得把它們當成整體的設計組合，視情況調整 layout了。

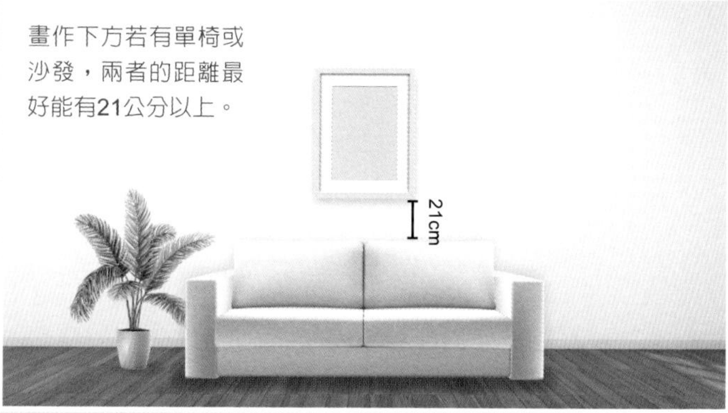

畫作下方若有單椅或沙發，兩者的距離最好能有21公分以上。

畫作之間的理想間距：八到十六公分（三到六吋）。

如果要展示的畫作不只一幅，一般認為十六公分是最理想的間距，而最糟糕的就是一幅挨著一幅全部擠成一團。今日流行的相片牆，多少源自於十九世紀的沙龍掛畫風格，作者建議先將描摹了畫作邊框的大型牛皮紙貼在牆上，慢慢調整布局，並把需要特別強調的作品掛在視平線上，等達到預期的美感和效果了，再將畫作掛上不遲。要特別注意的是，牆面總會有些開關面板或貼牆擺放的家具，因此定位時務必將所有的因素都考量進去。

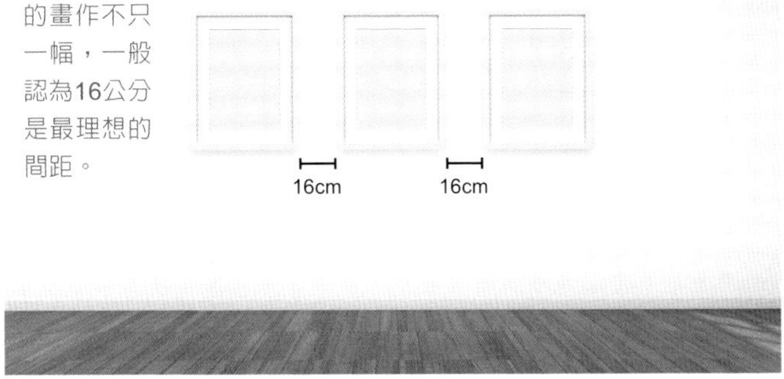

如果要展示的畫作不只一幅，一般認為16公分是最理想的間距。

五、將地板上的物品減量

快數數看你家的地板上有多少東西。單看客廳好了，除了桌腳、椅腳、落地燈之外，還有些什麼呢？根據我的觀察，越住越亂的房子裡，地板上總有一堆內容物還裝在裡面的紙袋和紙箱，好幾落書報雜誌，很多臺電風扇、除濕機和空氣清淨機，幾個隨意擱置的包包和行李箱，用來招財的水晶洞，幾幅裱了框的佛像和字畫，明顯長了一層灰的健身器材，好幾桶飲用水，和幾坨糾結交纏的延長線，有些甚至還有垃圾、泡麵碗、鍋碗瓢盆，和不知已經脫下多久的衣服和襪子。

撇開衛浴不談，我家的地板上只有桌腳、椅腳、床腳、貓塔、貓砂盆、貓碗架、花架、冰箱，和沙發下的一捲瑜伽墊而已，沒有電風扇、除濕機、暖爐、掃地機器人或任何雜物，室內的垃圾桶也只有一個。「可見」的大面積地板能讓房子顯得清爽，打掃起來也不費事，各位還是盡可能讓地板上的物品少一點吧。

不是每個房間都需要垃圾桶

我家一共有三個垃圾桶，小的擺在書房，兩個中的擺在後陽臺。這是我將垃圾桶數量減到最少的結果。

我的書桌同時也是化妝桌，書房的垃圾桶會裝些廢紙和衛生紙；後陽臺那兩個則用來裝可回收的資源和不可回收的垃圾。日常生活中所產生的垃圾，我會立刻拿去後陽臺處理，因此室內不需要額外的垃圾桶。

有些家庭會有三、四個資源回收桶，例如玻璃一個、鋁罐一個、寶特瓶一個、紙類一個，可是那樣很占工作陽臺的空間，所以我全部扔在同一桶，等提去資源回收室時再一一丟進專屬的分類桶，我覺得這樣既省時又省事。

原本我在衛浴也擺了垃圾桶，但覺得讓穢物一直留在室內很不衛生，而硬要等裝滿再倒還會產生異味，便索性將它撤掉。現在衛生紙我是直接投入馬桶沖掉，生理用品則是包好後拿去後陽臺丟掉，至今五年沒有任何不便，反倒因為衛浴地板又空出一塊，而讓打掃變得更加容易。唯一要注意的是，當女性訪客想使用衛浴時，我會提醒她裡面沒有垃圾桶，免得她遇到生理期又沒地方丟棉墊或棉條時，會感到無比尷尬。

地板上的家電可以更少

我這個人頗耐高溫，室內三十二度對我而言都算涼爽，夏季不太需要冷氣伺候，身體更是不愛被風吹到。我會裝空調的原因只有兩個：一是如果不裝、天花板內又沒有預留管線，日後脫手肯定會被買方嫌棄；二是貓咪待在攝氏二十八度以上的室內容易中暑，為了毛小孩的健康，我也不得不裝。

一般變頻冷暖空調都有冷氣、暖氣、送風、除濕等基本功能，只開送風的話，耗電量不見得高過電扇，又不會直接對著人吹，對我而言是個好選擇。若是只開除濕，水也會從排水管排掉，不必費事倒水。

家裡也曾有兩臺葉片式電暖爐，但相較於變頻空調的暖氣功能，它們的耗電量驚人又占掉地板上的一塊位置，所以我把它們送人了。後來我連空氣清淨機也決定捨棄。我發現只要室內環境夠整潔、減少布織品、改變烹調方式，並經常替貓梳理廢毛，空氣清淨機能發揮的作用不大。既然如此，也就沒必要保留了。

經過不斷的嘗試，如今我家已經沒有任何會占地板空間的電風扇、除濕機、葉片式暖爐和空氣清淨機了。當然，這只是我個人可接受的生活方式，如果你對濕度特別敏感，對空氣品質十分講究，又不想浪費地板面積的話，誠心建議不妨安裝吊隱式的全室除濕機和空氣清淨機。

至於掃地機器人，坦白說我的確心動過，但實際了解後，我發現我根本不需要，因為以我家地板的空曠程度，用手持式Dyson吸完全家只要四分半鐘，實在犯不著讓掃地機器人花至少十倍的時間轉圈圈啊。

六、丟掉塑膠整理箱

沒有比塑膠整理箱更萬惡的東西了。我經常在客戶家裡見到房間的某面牆上堆滿了塑膠整理箱，每個扣環把手的顏色都不一樣，有時箱子本身的顏色也不一樣，看了就覺得很雜亂又有廉價感。這種東西的特性就是會不斷增生，房間堆滿了便堆到公共區域，而且最頂層的整理箱上通常還會再放個紙袋或雜物。

一般人總認爲把收納櫃和衣櫃塞爆之後，塑膠整理箱可以幫忙解圍，一個不夠你可以買兩個，但往上堆疊的結果就是你忘了裡面有什麼，也懶得搬動它們，於是整理箱遂成了物品的墳場、典型的錢坑。很多屋主花了六、七位數的裝修費，房子卻因爲用了一堆塑膠整理箱而貌似窮學生的租屋處，實在相當可惜。請記住，**把雜物清掉才是上策**。

七、換掉你的寢具

如果你家坪數不大，床可能就占了臥室三分之一到二分之一的面積。換句話說，**床面一亂，臥室看起來就亂；把床面弄清爽，臥室自然清爽怡人**。

有些人會問，我的床上明明沒有衣服或雜物，臥室爲什麼看起來還是很不優？讓我來告訴你答案，因爲你的床單、枕套、被套（有時還有窗簾、門簾和地毯）看起來不是同一國的。

倘若你的床頭主牆繃了布或貼了壁紙，那些布和壁紙本身就已自帶顏色或花紋，這時你不假思索隨興買下的寢具，肯定和主牆不搭軋或花上加花。如果床上又丟了幾個布娃娃、卡通抱枕、彩色涼被或草蓆涼墊，可想而知一定是美感悲劇了。

不妨思考一下，爲什麼飯店都用白色的寢具？那是因爲不管牆面做了何種設計，白色都能毫不突兀地完美搭配。所以，**請把寢具換成白色，或至少與主牆同一個色**

系。

此外，我發現有些人會把棉被疊成豆腐乾，是嫌當兵當不過癮嗎？明明平鋪比較省事也比較美觀，疊成豆腐乾讓床面多了一坨東西，反而更添亂象。請別再這麼做了唷！

上：第六間自宅的白色臥室。白色床頭板、白色家具、白色木百葉搭配白色寢具，我只在主牆上漆了柔和的淺灰色。

下：白色臥室的床頭板上有盞小小的白色LED壁燈，方便睡前在床上閱讀。

八、更新你的衛浴用品

房子住久了，衛浴裡是不是開始出現花色不同的毛巾呢？我知道你們家有四口人，你認為毛巾要不同花色才方便辨識，但有沒有可能繡上小小的符號，或是以位置來區別，而不是透過花色呢？一人一個花色，衛浴馬上就會顯得凌亂，若再加上不同色系的腳踏墊和造型各異的瓶瓶罐罐，你精心挑選的磁磚和浴櫃便會完全失去光彩。

廚房水槽邊的洗手乳和洗碗精，統一瓶身後顯得清爽多了。

說到瓶瓶罐罐，統一瓶身樣式有其必要性。想想看，洗手乳、沐浴乳、洗髮精、潤髮乳……這幾樣如果能有一致的瓶身，視覺上是不是會清爽許多？你可以選擇透明的容器，靠內容物本身的顏色加以辨識；也可以挑選和磁磚或浴櫃同色系的瓶身，靠位置或貼紙來加以區別。這裡指的貼紙是用標籤機印出來的，建議使用白底灰字或黑底白字，千萬別用有紅色框框的標籤紙手寫貼上喔！否則絕對前功盡棄。

如果每個家庭成員愛用的清潔用品不盡相同，又或者家中人口增加，裝修時規畫的收納櫃已不敷使用，不妨請大家將各自的清潔用品收納在自己的房間內，等沐浴時再提著小籃子進衛浴，如此一來既不會誤用，也可以保持衛浴的整潔。

九、善待你的植物

很雜亂的家庭，室內植栽若不是蒙上一層灰，就是顯得奄奄一息。畢竟居住者連自己的生活都顧不好了，哪有餘力去照料植物？也因此，如果想讓屋況煥然一新，請把枯葉摘除，將剩餘的葉片擦拭乾淨，再把附著在上面的東西給拿下來。對！我指的就是小蝴蝶結、大紅緞帶、金色珠串、迷你風車和小型人偶。請試著欣賞植物本身的美，不要畫蛇添足地加一堆裝飾品上去。

安頓植物的容器也很重要。如果你把植物種在大大的金元寶裡，種在寫了「緣」字的馬克杯裡，種在廉價的浮雕塑膠盆裡，或種在動物造型的「可愛風」花器裡，無疑又會落入過度裝飾的災難中。越簡單，越好看。白色霧面花器、水泥原色花器、黑色水磨石花器、未上漆的原木花器或素燒手作陶盆，都很適合用來彰顯觀葉植物的姿態和線條。給植物買一個新家，你家的氣質也會顯著提升。

上：第四間自宅的陽臺植栽都是採用樣式簡單的白色花盆。觀葉植物本身的姿態和線條就已經很美了，切莫畫蛇添足地加上一堆裝飾小物。

下：我替第四間自宅玄關處的大型植栽選了簡約的白色外盆。

十、換掉你的燈泡

居住多年，家中的燈泡或燈管可能已經換過不只一輪，請觀察它們的光線顏色是不是不太一樣呢？如果天花板上的嵌燈，有的裝黃光燈泡、有的裝白光燈泡，天花板和鄰近牆面就會映照出不同的色塊。單一空間中的燈光色溫不一致，看上去便容易顯得凌亂。

如果你家的裝修年代有點久遠，當初裝的是省電燈泡和傳統日光燈管，那麼與其只換幾個色溫不一致的傢伙，不如一口氣全數換成同色溫的LED。初期可能覺得是一筆不小的花費，但長期省下的電費不容小覷。買的時候請注意燈座的尺寸、款式和適用的電壓，一般居家較常見的燈座是：E27、E14、T8、T5、MR16、MR11和GU10。

久住不亂的整理心法

那麼，要如何避免一再 reset 呢？有沒有一種方法可以讓房子久住不亂，連 reset 都免了？

老實講，如果你一個人住，一人改，全家改，那還有可能。但如果你是和無法取得整理共識的豬隊友同住，我只能說「辛苦了」，這會是一場學習溝通、忍耐和包容的試煉，練成了大家都能趨近更理想的居住環境，練不成也有不少人決定採取視而不見的策略，或在長期惱怒又找不出解法的情況下乾脆同流合汙，心想：「要亂大家一起亂啊！誰怕誰？」於是人住的房子最終就變成了豬窩。

不過，這麼想未免太過悲觀，所以我還是提出一些維持屋況的心法，讓願意一起改變的居住者有個可遵循的依據。

這樣使用房子，維持初入住時最清爽的樣貌

一、適性：選擇適合自己的收納方式

請認清自己的習性，如果你一直用不適合自己的方法整理收納，自然不想去做。我舉個例子：某次我去客戶家裡進行整理教學，發現她有個滿大的走道型衣帽間，其中有一半的空間是掛滿衣物的上下兩根吊桿，另一半是有二十五個置物方格的 IKEA Kallax 格子櫃，但格子裡的東西寥寥可數。而放眼望去，整個主臥室的床面、地板和椅背上全都散亂著未折的衣物，很難分辨它們乾不乾淨。我問她是不是討厭折衣服，她點頭稱是。

Bingo! 爲什麼她的房間會亂？這是因爲她明明只願意掛衣服，卻安排了二十五個格子讓自己折好折滿，於是浪費了衣帽間裡一半的空間不說，連主臥室也跟著遭殃。最適合她的規畫其實是：整個衣帽間都是吊桿，外套、洋裝、上衣、褲子、裙子各掛一區；角落再擺三個簍子，一個丟內衣，一個丟內褲，一個丟襪子，想穿就直接從裡

我的衣服以吊掛為主，衣物之間留有呼吸空間。衣架只用白色同款，衣服按顏色深淺排列，因此看上去不顯雜亂。

面撈一件出來穿，連折衣服都免了，但看上去卻不顯得混亂。

如果我幫她安排每個格子的分類，再堅持教她折衣服的「正確」方法，我想不出多久房間就會亂掉，因爲這個方法不適合她。再者，如果你能早點認清自己的個性和習慣，就可以在裝修前做出最適合自己的收納規畫，以免花了錢卻得不到應有的效果。

二、適量：收納上限就是你買東西的資格

家中出現物品的原因不外乎

以下幾種：一，購買；二，受贈；三，拾回；四，他人寄放。如果你的抒壓方式是購物，有折扣必搶、有團購必跟；別人送了你不愛的東西你不懂拒絕，沒事又喜歡集點，換些不一定會用到的贈品；看到二手物資就忍不住想撿，還以爲自己勤儉持家、聖光充滿……不要懷疑，你家的屋況肯定會漸漸走樣。收納櫃終歸不是無底洞，也不是異次元空間，不要幻想你可以不斷地塞東西進去，它卻不會爆。

更糟糕的是，雜物會吸引雜物。當親友發現你家很亂時，他們會認爲你沒那麼注重整潔，因此舉凡搬家、調職，或偷買了不敢讓另一半知道的東西，就會試圖把你家當成倉庫，而基於你無法拒絕收下自己不喜歡的物品，你八成也無法拒絕收留那些寄放的物品。我就見過某客戶的廚房裡，塞滿了友人離婚獨居後擺不進小套房的鍋碗瓢盆和醃漬物；我也遇過某客戶的客房內，堆滿了友人移民後留下的家具和家電，原因是友人說他以後回來時會取回，而我認爲該客戶相信這種說法，才是整件事情最奇葩的地方。

總之，收納櫃一旦爆了，房間便會跟著淪陷，並進一步導致整間房子的失序。因此，請了解你家的收納上限，並控制進入家門的物品數量。**在獲取物品前先想好你要**

放在哪裡，如果沒地方放，你就「沒資格」把它帶回家裡。萬一收納櫃已在爆炸邊緣，請務必做到「一進一出」。容我再提醒你一次，爲了櫃內的分類需求而購買小型塑膠整理盒是可行的，但因爲櫃子放不下而去買大型塑膠整理箱則是下下策，拜託千萬別這麼做好嗎？

三、適所：每樣東西都該有自己的位置

我知道物歸原位是老生常談，偏偏就是有人做不到。很多妻子常抱怨老公衣服亂丟，東西隨手亂擱，但我也不時聽到先生抱怨太太買了東西回來，便隨意扔在沙發、茶几、餐桌、中島、流理臺、床上和地上，弄得家裡一團亂，而且家中的收納缺乏系統，搞得他必須花很多時間在找東西上。

想減少另一半的不滿或時間上的浪費，請在考量動線和機能點之後，共同討論出「雙方都認可的收納系統」，並奉行以下這些被專業整理師奉爲圭臬的準則，那就是：

·拿出來就放回去。

·打開來就關回去。

·掉下去就撿起來。

·拿下來就掛回去。

·使用完就清乾淨。

坦白說，除了受憂鬱症或ADD、ADHD影響，這麼簡單的事情會做不到，就只有一個原因：懶。好比血拚了一堆衣服，卻懶得把它們拿出紙袋掛進衣櫃，所以長期攤在臥室地板上，直到每件衣服都穿過一輪爲止；或是買了一堆零食和小家電，卻懶得替它們找個家、定個位，於是全部堆在收納櫃外，櫃子裡面反倒是空的；又或者知道自己不懂得收納整理，卻壓根兒懶得去學。

什麼？你說你很忙？可是你卻有空滑手機、打遊戲、看電視？挪點時間去整理吧，不然就花錢請人代勞囉！

另外，與其一直埋怨別人的兒子（老公）和女兒（老婆）沒有內建整理能力，積極一點的做法其實是自己學會整理，然後訓練小孩，讓他們在現階段不會添亂，長大後也不至於成爲另一半眼中的豬隊友。

四、單純化：請挑選同一色系，單一風格

前面提過很多次了，白色是簡約風格的最佳選擇。如果你無法克服購物衝動，那麼會擺出來、會出現在視線內的東西，例如活動家具、小家電、3C周邊用品、清潔工具、餐具、寢具、盥洗用具、毛巾、花器等等，請盡量選擇白色。白色給人純淨、優雅、無壓力的感覺，即便你買得再多，堆在一起也不顯雜亂。有幾位屋主聽從我的建議，將盥洗用具和毛巾全數換成白色之後，覺得衛浴變大了，整體看上去也清爽許多，他們很開心只是換掉一點小東西就能有如此顯著的改變。

至於裝飾品，我要不厭其煩地再說一次，有時布娃娃、卡通抱枕和小擺飾會給人一種溫暖、富童趣的感覺，讓你情不自禁地想把它們帶回家裡。然而，這些物品通常只會加速摧毀你家的美感。請記住：你必須有意識、有策略地營造一個空間的氛圍。你要有明確的目標，而有了目標，你自然會產生趨近這個特定目標的動機；換句話

說，你所有的裝修決定、採購行爲和生活習慣，都不會偏離這個目標。

想像你是這個空間的大廚，你現在要把它煮成一道可口的料理，因此你會合理地準備食材，適當地添油加醋。你不會在紅燒茄子裡面加咖哩，一如你不該在日式禪風的房子裡擺汽油桶改裝的茶几一樣，不管那個茶几對你而言有多酷。請專心煮好一道菜就好，如果什麼都加，它嚐起來很可能會比較像餿水。

上：白色是簡約風格的最佳選擇。圖為第六間自宅的臥室。

下：白色給人純淨的感覺，即便東西再多，堆在一起也不顯雜亂。

五、數位化：有電子版就不要實體

紙張是許多人在整理時的困擾。我的建議是，能以電子版取代的紙類印刷物，就別再購買、索取或訂閱了。你可以取消訂報，直接改讀該報的網路新聞；你可以將紙本帳單全數改成電子帳單，並以自動扣繳、線上轉帳或行動支付的方式繳費；你可以買一個電子書閱讀器，開始改讀電子版的雜誌和書籍；你可以不再索取紙本發票，改用電子發票載具儲存發票資訊，從此享受自動對獎、獎金自動匯入的輕鬆感。

除此之外，你可以用線上下載或訂閱的方式聽音樂、看電影、讀有聲書，不需要再租借或購買CD、DVD等實體物品。你也可以用線上課程取代實體課程，如此就不必舟車勞頓地外出上課，還積一堆紙本講義在家裡了。

六、拍下屋況：做好最棒的視覺提醒

前面提到我們要了解收納上限，尤其是不要亂買裝飾品，那具體該怎麼執行呢？我認爲最有效的方式就是拍下你家的照片，而不是只憑感覺或記憶。請在購物前確實拍攝每個房間、每個開放式層架和櫃體內部的模樣，以便進行評估，能定期更新當然更好。

有了這些照片，買東西前就可以先拿出來看一下，想想：有沒有地方放？要放在哪個位置？這件物品如果展示出來，跟空間的整體色系和風格搭是不搭？有了這種視覺上的對照和提醒，你將更容易做出正確的選擇。

拍攝當下的屋況，對整理也大有助益。美國史密斯學院心理系教授暨囤積症權威藍迪·佛羅斯特（Randy Frost）說過，讓人願意改變的條件有二，一是這對他夠重要，二是他有信心可以改變，而整理前後的差異對照無疑能讓人增加自信。所以，即便只是整理一個抽屜或一片層板，也請拍下Before & After的照片，讓自己看見進步的軌跡。但請務必以數位相機或手機拍照，沖洗照片只會讓雜物變多，反而不利於後續清理。

屋況照片的另一個應用方法，是請友人在上面圈出他看不順眼的地方。有些人在雜亂的房子裡住久了，會逐漸發展出所謂的「雜物盲」（clutter blindness），他們雖然知道家中雜物肆虐，卻對亂象視而不見。如果你對自家的雜物習以爲常，不妨利用Line之類的即時通訊軟體建立一個整理群組，並將屋況照片上傳，請友人直接編輯圖片，將他們覺得雜亂的東西圈起來。透過這種相對客觀的視角來檢視自家屋況，你可以更快認清自己是否需要清掉某些物品。

七、俄亥俄規則：每樣東西只經手一次

很多人在整理時，爲了迴避取捨的苦惱，經常整理半天又將物品擺回雜物堆裡，或只是將物品從這個收納箱移至另一個收納櫃而已。學術界將這種行爲稱作「攪拌」（churning），而對付這種狀況最好的方法，就是採用「俄亥俄規則」（OHIO Rule），意思是「每樣東西只經手一次」（Only Handle It Once）：只要拿起一樣東西，便立刻決定它的去留及所屬分類。

有些收納書籍會告訴你，你可以準備一個「猶豫箱」，把還不知道該不該丟的物品放進去，問題是，這個決定並不會因爲拖延就變得容易，所以奉勸你別這麼做。另外，有些人習慣將待處理的整袋垃圾、回收物，或打算捐贈的衣物隨意擱在門邊或堆在車上，結果因爲擺了太久，忘記裡面究竟裝了什麼，於是又將它們搬進屋內一一拆開、重新檢視。也因此，俄亥俄規則不只在決定去留的當下必須遵守，在取捨完畢後

也必須立即執行捨棄工作，以避免同樣的程序一再反覆。

八、一次整理一個地方：從哪裡開始都行

我經常被問到：「我全家都很亂，到底該從哪裡開始整理呢？」而我的答案通常是：玄關、走道、廚房或客廳。先把這些地方整理好，至少在家中行走時動線可以不受阻礙，而且比較容易注意到每一天的清理進展。桌面和沙發也是不錯的起始點，先清出一塊平面，你才有地方進行整理工作。

話雖如此，其實任何地方都是開始的好起點，重點在於一旦開始就要堅守同一個地方，直到整理完畢爲止。請避免落入這裡整一下、那裡整一下的陷阱，那只會讓人越整越亂又看不出成果，導致最終又落入了「攪拌」狀態。

順道一提，很多人在整理時會頻頻分心，針對這個問題，我建議採用「番茄鐘工作法」。你不妨運用廚房計時器、手機鬧鐘或APP（搜尋「番茄鐘」）來設定工作時間，整理期間請關閉電視、電腦、收音機等令人分心的資訊源，然後每全神貫注地整理二十五分鐘，就全然放鬆地休息五分鐘。如此反覆幾次，就能成功延長你專注的

時間了。

以上就是我給各位的小建議，希望大家都能輕鬆維持良好的屋況唷！

結語

最困難的，就是「簡單」

美國服裝設計師暨家具設計師瑞克．歐文斯（Rick Owens）的作品風格獨特，用色極簡。他曾說：「健身是現代的高級訂製服，沒有任何服裝能像擁有一副好身材一樣，讓你看起來不錯或是感覺良好。少買一點衣服，改去健身房吧！」我對此深表認同。身材爛，穿什麼都不會好看。與其買一堆衣服來遮手臂、遮肚子，不如認眞減肥、把身體練結實來得實在一些。身材好，就算只穿白T-shirt 配牛仔褲，也能展現出迷人的風采。

房子也是。大部分屋主總是預算少、雜物多，而這兩者正是打造好宅的頭號大敵。這本書的內容已近尾聲，我相信你一定明白，清除雜物能節省裝修費用甚至購屋預算，而雜物若多，裝修成什麼風格都不會好看。與其多買幾坪、多釘幾個櫃子、多做一些檯面來堆積不需要也不想要的東西，不如認眞取捨、把它們清掉來得實際一些。雜物沒了，就算只是純白的空間配上簡單的家具，也能輕鬆展現出清爽亮麗的氛圍。

事實上，認眞面對根本問題，往往能免除後續的遮遮掩掩和無謂的花費，可惜多數人並不想與根本問題直球對決，於是明明知道健身和整理對自己有益，卻很難下定決心去做。前言提到我有明確的中心思想，也有徹底實踐的本事，指的就是我能將「減法」一以貫之地運用在身體、空間、設計、人際關係等各個層面上：減掉身上的贅肉、去除身旁的雜物、不做不必要的裝修、不與無法正向互動的人往來……我深深感受到去蕪存菁的好處，因此也眞心希望你可以開始嘗試。

這本書不談理論、工法，沒有艱澀的專有名詞，也不引用學術論文，有的只是我以過往經驗整理而成的觀察與心得。如果你因爲這本書而得以少揹一些房貸、少花一些沒必要的裝修費、少做一些惱人的家事，或是過上更輕盈自在的生活，我會感到十分榮幸。

謝謝你選擇了這本書，願你的夢想成眞。

國家圖書館出版品預行編目資料

零雜物裝修術／Phyllis著. -- 初版. -- 臺北市：方智，2019.12
256面；14.8×20.8公分 --（方智好讀；127）

ISBN 978-986-175-540-3（平裝）
1.房屋 2.建築物維修 3.家庭佈置

422.9　　108017263

Eurasian Publishing Group
圓神出版事業機構
用心與你對話．視野無限寬廣
方智出版社
Fine Press

www.booklife.com.tw　　reader@mail.eurasian.com.tw

方智好讀 127

零雜物裝修術

作　者／Phyllis
發 行 人／簡志忠
出 版 者／方智出版社股份有限公司
地　址／台北市南京東路四段50號6樓之1
電　話／（02）2579-6600．2579-8800．2570-3939
傳　真／（02）2579-0338．2577-3220．2570-3636
總 編 輯／陳秋月
副總編輯／賴良珠
主　編／黃淑雲
責任編輯／黃淑雲
校　對／黃淑雲．胡靜佳．Phyllis
美術編輯／金益健
行銷企畫／詹怡慧．王莉莉
印務統籌／劉鳳剛．高榮祥
監　印／高榮祥
排　版／莊寶鈴
經 銷 商／叩應股份有限公司
郵撥帳號／18707239
法律顧問／圓神出版事業機構法律顧問　蕭雄淋律師
印　刷／國碩印前科技股份有限公司
2019年12月　初版
2024年01月　7刷

定價340元　　ISBN 978-986-175-540-3